U0169282

选择与尊严

尊严

遇见生命
与死亡

罗点点

著

生活·讀書·新知 三联书店

图书在版编目（CIP）数据

选择与尊严：遇见生命与死亡／罗点点著．—北京：
生活·读书·新知三联书店，2021.8
ISBN 978 - 7 - 108 - 07048 - 7

Ⅰ．①选…　Ⅱ．①罗…　Ⅲ．①生命科学－基本知识②健康－基本知识
Ⅳ．① Q1-0 ② R161

中国版本图书馆 CIP 数据核字（2021）第 004908 号

责任编辑　唐明星
封面设计　罗　洪
版式设计　刘　洋
责任校对　陈　明
责任印制　宋　家
出版发行　**生活·讀書·新知** 三联书店
　　　　　（北京市东城区美术馆东街 22 号　100010）
网　　址　www.sdxjpc.com
经　　销　新华书店
印　　刷　三河市天润建兴印务有限公司
版　　次　2021 年 8 月北京第 1 版
　　　　　2021 年 8 月北京第 1 次印刷
开　　本　880 毫米 × 1230 毫米　1/32　印张 10
字　　数　220 千字
印　　数　0,001 - 8,000 册
定　　价　48.00 元
（印装查询：01064002715；邮购查询：01084010542）

目 录

看见死亡

代序：感悟死亡

韩启德

清明节是中华民族四大传统节日之一，那一天大家都要去扫墓，祭祀逝者，缅怀祖先。清明又是二十四节气之一，其时春和景明，万象更新，更能够体会生和死的关系。

如果没有冬天，没有万物的沉睡，甚至说没有一些生物的凋零、死亡，就没有充满生气的美好春天。清明扫墓习俗体现出中国传统文化的精髓，在历史长河里我们中国人没有形成欧亚大陆以及后来世界多数国家所有的宗教信仰，而形成了"敬天法祖"的民族共同信仰。

在我们的信仰里，没有基督教的天堂，也没有佛教的生命轮回，有的是对身体基因绵延和文化基因绵延的事实认定，以及在这样的绵延中获得永生。我们感念人生所有的一切都是先人恩赐给我们的，所以崇敬他们，祭祀他们、怀念他们。

与此同时，对于后代来说，我们也将成为祖先，我们要对自己的后代负责，因此重视婚姻、家庭的坚守和对后代的抚养、教育，乃至形成中华民族特有的家国情怀。总之，敬天法祖的信仰为中国人寻求人生意义提供了厚实的基础。清明时节，大家祭奠先人，慎终追远，是思索生命意义和加深对死亡认识的好时机。

但是当下清明节大家去扫墓，有多少人在真真切切地怀念自己的祖先呢？在现代化浪潮的冲击下，这份追思的情感明显淡薄了，清明节甚至成为活色生香的聚会和春游的好时光。在这样的时候，又有多少人在认真思考自己的死亡呢？即使在思考，其中又有多少人能想明白呢？

我们必须承认，古今中外，除了极少数人以外，人都怕死。我想原因有两个：第一，活着的人中没有人死过，不会有人能告知死亡是什么感觉。有不少濒死过的人，会告诉大家他们当时的感受，但各不相同，有的人看到一道灵光，感觉行走在鲜花丛中，内心充满了爱和愉悦；而有的人则感觉四面漆黑，响彻各种非常奇怪可怕的声音。更重要的是，他们不是活过来了吗？他们并没有死，因此他们感受到的也不是真正死亡时的感觉。死亡时什么感觉，是一个永远的谜。人们对没有答案的事情当然会害怕的。第二，自我们降生到这个世界，接受的都是具体的人、物、事，我们脑子里存在的所有意识都是建立在生而不是死的基础上的，所以死自然是"不可思议"的了。

那么我们怎样来克服对死亡的恐惧呢？这是一个需要哲学想象才能处理好的问题，我自己还没有解决好，还在继续努力中，但多少有一些体会。我认为书圣王羲之在《兰亭集序》中写到的"仰观宇宙之大，俯察品类之盛"，是认识生命和死亡的一个好的、管用的切入点。

我常常在晴朗的夜晚仰望天空，看着天上繁星浩渺，每每感慨万千。我们生活的地球，只是太阳系中八个行星之一，银河系有2000亿个太阳系，而整个宇宙有2万亿个银河系。在这么一个浩瀚的宇宙空间里，我们个人真的是微乎其微，不及大气中的一粒尘埃。

从时间上看，银河系距离最近的河外星系4万多光年。光的速度是每秒30万公里，我们今天看到的星光是数万年、数十万年前发出的呀，人活在这个世界上几十年，在这样的时间尺度中，真是比一瞬还短！总之，仰望星际浩渺的宇宙，我们自然会感悟到人是多么渺小，人生是多么短暂，真如白驹过隙，对于死亡有什么可惊恐忧伤的呢？

再来"俯察品类之盛"。地球上的生物约有80万个物种，人只是其中之一。尽管由于人在认知方面的独特优势，似乎可以在物种竞争中处于主宰地位，但就决定物种进化的繁衍能力以及由此决定的突变遗传能力而言却并不具有优势，在生物本质上人与一岁一枯荣的小草并没有差别。

看着窗外的一棵古树，在我出生前已经在那里了，而当我离开这个世界的时候，它还会屹立在那里，郁郁葱葱，生生不息。万物竞天，就生命而言，有生就有死，有死才有生。就这一点而言，人类与其他生物是一样的，为什么偏偏人要怕死呢？

当然人类又是特别的。人猿相揖别，大脑越来越发达，特别在智人完成认知革命以后，有了发达的记忆和学习能力，也就会思考意义和价值，同时又有了对死亡的害怕。

我常常在想，动物怕不怕死呢？喂养的生猪、肉牛、鸡、鸭……，养肥了就被抓去屠宰，它们怕死吗？我们实验室拿羊做实验，羊被绑起来时，一点都不挣扎，只是掉眼泪，那是害怕死吗？"子非鱼，安知鱼之乐"，所以我不知道。但我想即使它们也怕，"怕"的意象、表现和内涵肯定是不一样的，因为人有对意义的追求。

总之，如果能把自己放到浩渺的宇宙之中，放到自然界生物种群中去，融入这么宏大的尺度去考察个人的死亡，我们的心胸就会开阔起来，我们对死亡的思虑就会相对简单一点，容易想得开一点。我想这就是宇宙观、生命观在其中的重要性了。

那么是不是有了正确的宇宙观和生命观，人就会不怕死了呢？我想还不行。一个人相对于宇宙和自然界，确实是渺小的，但就个人而言，死亡终究还是大事，要离开这个世界，还会觉得是非常可怕的事；甚至会跳到另一个极端，自己的生命是如此渺小和短暂，活着还有什么意思呢？所以还是必须解决人生意义的问题，正如孔子所言"不知生，焉知死"。

关于人生的意义，是哲学的根本问题。凡是人，都会思考活着的意义，但又很难找到标准的、大家共同愿意接受的答案，这也成为人之所以为人的特征。这方面前人已经给我们留下很多他们的思考和实践。

孔老夫子在《论语》里面讲"朝闻道，夕死可矣"，就是说只要掌握了世界的规律，洞明人世间的道理，又去实践了，就死而无憾了。《圣经》中耶稣说爱比死更强，通过爱可以获得永生。德国文豪歌德认为存在是我们每个人的使命，我们来到这个世界，存在过，就是意义了。

文天祥说得豪迈，"人生自古谁无死，留取丹心照汗青"，只要把赤胆忠心留给历史，人生就足矣。20世纪40年代毛主席在张思德同志追悼会上引用司马迁的话说："人固有一死，或重于泰山，或轻于鸿毛"，提出"为人民利益而死，就比泰山还重；替法西斯卖力，替剥削人民和压迫人民的人去死，就比鸿毛还轻"。

如此这般对人生价值的观点还可以举出很多，前人的这些说法对不对呢？我觉得都有一定的道理。对解决死亡恐惧管用不管用呢？我认为取决于自己对某种观点是否真信，有多信，即是否成为自己的信仰。有了某种信仰，执着地去追求它，使整个人生成为追求信仰的过程，就会觉得人生是充实的，有意义的，对生死的态度就会是积极的。

当然某个信条是否能够成为人们的信仰，是有条件的。它首先必须是通过努力追求才能够达到的，甚至可以说常常是毕生为之奋斗都难以完全达到的。其次必须是受到时代和社会认同的。人是社会的，人与人的关系是建立在道德基础上的，所以信仰要符合社会德行，无害于社会和人群。

信仰也是有高低的。有利于发展生产力，有利于社会，有利于大多数人福祉和利益的信仰是高尚的，抱有这些信仰的人往往更能实现人生的价值和体会人生的意义，更加值得推崇。

综上所述，要解决对死亡的恐惧，有赖于建立正确的宇宙观（或常说的世界观）、生命观和人生观。我们现在常常把解决"三观"问题挂在嘴边，却缺乏深入学习和理解。当我们认真思索死亡问题时才更加体会这"三观"的根本性意义，与其说理解死亡难，还不如说树立正确的"三观"难。

对生死有了比较深刻的认识后，对当前医学上很多困惑的问题也随之容易得到比较好的解答了。比如疾病是什么？人体是一个巨复杂系统，生命是各部件动态平衡的过程。平衡是相对的，失衡是绝对的，疾病是每个人都会有，而且必须有的生命体验。医学不可能消灭疾病，能做的只是帮助建立新的平衡，避免过度的损害，减轻病人的痛苦，所以医学是有限度的，如果寄托过高的期望，只会带来更大的失望。

　　又比如，医生能做什么？面对生命和疾病的本质，面对心理因素对健康的复杂影响，加上人类对自身奥秘的了解还只是冰山一角，医生能做的只是"有时去治愈，常常去帮助，总是去安慰"。安慰不仅是情感上的抚慰，更重要的是要去帮助病人解决好生死观，疾病观，健康观，不乱糟蹋自己的身体，同时知利害得失，也知进退收放，而不是永不言弃，到生命的终末期，安顿灵魂，减少痛苦，维护生命尊严。

　　死亡让人恐惧，产生焦虑，阻碍幸福生活，我们需要克服它。正如古希腊哲学流派的重要学者爱比克泰德所说："你想过吗，人类所有的恶，卑鄙、懦弱，都是来自对死亡的恐惧？训练自己去克服它。你所读的东西都要以此为目标，你会发现这是唯一能让人自由的方法。"对于我们这些没有被宗教说服的人来说，克服死亡的恐惧就得依靠自身的理性，依靠哲学，依靠结合自己的生活实践不断深入思考和感悟。

前言：一头撞进公益圈

小时候看过一部美国黑白片，名字和故事细节都忘记了，大概是说一个市井混混"做公益"，坑蒙拐骗全用上，轻易赚到大笔黑钱。里面有些场景反复出现。先是镜头特写：混混在公众面前痛心疾首大声疾呼：为了妇女和儿童……下一个镜头是钱币哗哗如流水掉入他的钱袋。"为了妇女和儿童……"钱币哗哗如流水……，"为了妇女和儿童……"钱币哗哗如流水……，这是我对慈善和公益的第一个概念。

我所谓的"小时候"是很久远的事了。现在想来，那时候能看到的美国电影都是经过精挑细选，是为了让人知道美国社会多黑暗或者美国人民多可怜。到了我自己一头撞进公益圈，才知道这里其实是风光无限的好地方。

我们成立了个协会，叫生前预嘱推广协会，使命很简单，就是通过推广生前预嘱，让更多人知道，根据本人意愿，在不可救治的伤病末期，用尽量自然和有尊严的方式离世，是对生命的珍惜和热爱。所谓自然和有尊严，其实就是根据自己的意愿，可以不用生命支持系统，比如心肺复苏啊，人工呼吸机啊，来拖延死亡过程。生前预嘱就是一份人们在健康清醒的时候填写的，对自己临终各种事项的安排。这套东西大部分是从美国抄来的。美国人这么做了，许多文明国家的人都这么做了，中国社会要文明要发展，迟早也得这么做。

可以想象，这套事做起来不怎么容易，要跟别人说清楚更不容易。我们去注册社团组织，主管部门说从来没听说过什么是生前预嘱。问题还不在这里。问题在于，生前预嘱推广协会终于磕磕绊绊成立了，终于有些人知道我们说什么了。我们精心设计的供中国大陆居民使用的生前预嘱文本《我的五个愿望》终于有了上万个注册者了。可我们自己却发现，我们的做法中有个巨大的漏洞！那就是在大多数文明国家，对于放弃临终过度抢救的末期病人，有个名为"安宁缓和医疗"的现代医学学科帮助他们。通过症状控制和对整体疼痛的有效缓解，帮助患有重大疾病尤其是不久于人世的患者和他们的家庭提高生存期的生活质量。世界卫生组织十多年前就对这门学科有了严格的定义和标准。可在我们这里，虽然许多可敬的临床工作者为了照顾末期病人做了相当卓越的努力，但作为具有极高人文精神和科技含量的缓和医疗学科却从未浮出过水面，更未满足过社会大众向往"好死"和"善终"的需求。于是我们抖擞精神，调整方向，要为安宁缓和医疗能确实帮助那些生前预嘱注册者，能成为国家医疗保障制度努力工作……说到此处，我们终于有点好消息可以告慰读者和我们自己。2016 年起，安宁缓和医疗终于受到国家管理者和政策制定者的关注，成为中国医疗制度改革的重要内容，试点工作正在全国展开。安宁缓和医疗的有关内容更在中国第一部卫生法中有了明确的表述。

读者现在见到的这些小文章都是我在撞进公益圈之后写的。时间竟然已经持续了十多年，有些是给报刊写的专栏，有些是在生前预嘱推广协会的公益网站"选择与尊严"上发的博客文章，还有些是两本《死亡如此多情》书籍系列的约稿。细心读者也许发现，文章的信息和见解因此可能不够新鲜。感谢三联书店和特别有耐心的责任编辑唐明星女士，这些出于一个曾经做过临床医生的公益人之手的文字，在他们看来，至今还能有益于世道人心，可以结集出版，于我何其荣幸！

文章是认认真真写的，阅读却不必太过认真。这些拉拉杂杂对生命和死亡的报告和议论，能在茶余饭后，甚至在盥洗如厕之间，引起您须曳的出神儿或感慨，于我何其荣幸！

2020 年 9 月 23 日

活命哲学

生活·读书·新知三联书店

人性高科技?

年前我发现自己有了毛病：疾行之后两腿麻木，坐下来好转，接着走又故态复萌。好几次弄得同行者和自己都莫名其妙，不得不去看医生。医生说这叫间歇性跛行，问题在脊柱，不信照片子！

片子照出来，果如医生所说。医生说不用怕，这病可治。我问是不是要手术？医生说是。我说脊柱上做手术不也很可怕？医生想了一会儿说，不做也行。我问怎么也行呢？医生说你这病不危及生命，顶多是不能很好地走路。我说我毕竟还处在前老年期，走不好路岂不是大问题？生命质量岂不是大打折扣？医生说也不见得，很多人都没手术，病情发展再严重也不手术。我问发展下去会怎样？医生说也就是走路越来越困难。最严重嘛，也就是大小便失禁了。我听了这话一定是吓得脸上变了颜色，医生赶紧补上一句：我说的可是最坏后果，只有很少的人会发展成这样。我说医生你别说了，我手术，明天就住院行吗？医生说你可考虑好了。我说考虑好了，走不好路、生命质量下降都是小问题。医生说你刚才还说是大问题，我说那要看怎么比了。医生说怎么比？我说和大小便失禁比啊！不管前老年期还是老年期，要是那样了，可就活不成个人样了不是？医生摇头说不能这么说，很多老年人都会有程度不同的大小便失禁问题，不能说人家就活不成个人样了嘛。我说对对，医生你说得对。可他们是在不知道的情况下渐渐发展成那样的，我要是明知道有这种后果，现在可以治疗而不治疗，那不就是自己把自己弄得活不成个人样了吗？医生说那也不对，老年人程度不同地发生大小便失禁不是完全不可预见，可并没有人能因此而不进入老年。我说对对，我不说别人，只说自己行不？医生说行啊。我赶紧整理思路，尽量清晰而郑重地对医生说：我呢，不愿意在还没进入老年就发生大小便失禁，也不愿意在进入老年后比别人有更多的可能发生大小便失禁，所以我想尽快手术。医生还算满意地点点头，然后说，我们这里床位紧张，明天住院绝无可能。我说我等我等，只要有床，只要能手术……

　　住进医院才想起，不久前国家发展和改革委员会某负责人曾发表言论，称中国医疗体制改革历经十年基本失败。亲历其中方信所言不虚。

　　这是一家全国闻名的创伤医院，多数病人严重创伤，既有伤残之虑，更有生命之虞。各科室人满为患，通道走廊处处是残肢断臂、生命垂危之人。面对巨大伤痛，医患双方都深陷紧张焦虑和冷漠麻木。而这些隐约露出的非人面目，更使这里变成一座人间地狱。我开始怀疑自己的手术决心，眼前的生命灾难，让我那些自以为深刻周全的对什么老年期、前老年期的担忧，顷刻间变成了矫情。

　　幸好，我的住院生活不久就露出了一线曙光。先是术前检查要做脊髓造影。我曾是临床医生，知道这检查既有创伤也有痛苦，就不想做。医生说要手术就要做。我问麻醉吗？医生说现在用的穿刺针非常先进，比打麻醉针痛苦小，还做什么麻醉！我将信将疑地进了造影室，却白白紧张一回，那感觉确实充其量像被蚊子咬了一口。临出去时满怀崇敬地要求看看这针，果然细小尖锐，银光闪闪，一副高傲的科技表情。

术前我做完了全套片子：CT、核磁共振、脊髓造影……别说医生了，连我自己都把我的脊柱看了个一清二楚，哪里凸出来，哪里凹进去，不禁感叹高科技手段带来的意想不到的直观和便利。

手术十分成功，医生说我三个月后就能打篮球。我感谢医生，他说手术成功得益于他用了手术导航系统，使得定位非常精确。我会意那是一种类似全球定位系统的科技手段，把人的骨骼系统作为一个整体分析之后，准确地给医生指示手术部位。

术后第一天最疼痛，我惊喜地发现自己手里握有一个小巧的止痛泵，药会定时定量泵入，我安然度过了难熬的一夜。

总之，在我的艰难时刻，高科技始终像阳光一样温暖明亮，高悬在我的头上。我多少有点诧异：正在全世界大行其道并屡屡受到知识分子质疑的高科技里原来蕴含着这么丰沛的人性。

想起几个朋友小聚，大概因为都到了年龄，说起人老之后的尴尬和不便。有个朋友说，他希望等我们都老到生活不能自理的时候，会发明出一种对老年人进行护理的自动化系统：一条流水线管喂饭喂水，再一条流水线管上厕所，再一条流水线管洗澡换衣服，当然还有最后一条流水线管送火葬场。这样既可以谁都不麻烦，朋友们每天还能在流水线上相见。要是还互相认识呢，就握握手；要是心里高兴呢，就唱唱歌。另一个朋友说，希望流水线别出错，原来应该去洗澡的结果去了火葬场。另一个朋友说，要上这样的流水线可能挺贵，高科技都不便宜。

我想了想，我很愿意现在好好挣钱，等将来真有那一天，就算贵，就算偶尔出错，我也愿意上这个流水线。这样的高科技真的很人性。

而人性呢，总不应该太便宜。

2005 年 10 月 12 日

今天吃的什么药？

《红楼梦》里的宝哥哥见了林妹妹，最体贴的问候莫过于："妹妹好，妹妹今天吃的什么药？"林黛玉说自己从"会吃饭起就会吃药"。除了确实天可怜见，更让那贾宝玉把她从美若天仙的姐姐妹妹堆儿里，看出了别样风情。

如今虽然爱吃药的人越来越多，可吃药的后果就没那么浪漫了。

报纸近载：中国每年死于药物不良反应的有20余万人！数字之巨让我大吃一惊，赶快上网去查，果然很多人有不同意见。有人说，这是照国外资料推算出来的数字，并不反映我们国家的真实情况。可真实情况到底如何呢？中国负责药物不良反应的官方机构是国家食品药品监督管理局，可我找来找去，只在它的网站上找到一份2001年11月发布的全国药品不良反应病例通报。通报称：2000年1月到2001年10月底，国家药品不良反应监测中心共收到药品不良反应病例报告表9202份……我赶快负责任地看了看日历，现在已经是2005年11月了，也就是说，我们已有四年没有看到官方发布的数字了。

怪不得人们只能就这个用外国资料推算出来的数字争论不休，既有人说远远大于，也有人说远远小于。还有人说，数字的出入来源于对"药物不良反应"定义的出入。比如在美国，药物不良反应通常是指患者在服用药物后的不适反应。在我国，据说是沿用世界卫生组织的这个定义就严格无比，是指"合格药品在正常用法用量下出现的与用药目的无关的或意外的有害反应"。这种纯洁苛刻的定义可让人有点不爽，它好像不是在描述一个与人有关的社会问题，而只是在冷冰冰地界定某种法律责任。它根本没有把人们在服药时最常见的错误包括进去，比如说药品的质量和有效期如何，医生处方合理不合理，患者是否因为某种原因或利益驱动而滥用药物，患者是否在服药时自作主张或者只是听从朋友的建议，患者是否仔细阅读过说明书或者说明书是否完备，还有，患者是否也因为某种原因比如心理依赖在滥用药物……而这些显然是导致药物不良反应最常见的原因。

其实，"是药三分毒"，药、毒本来就难解难分。《周礼·医师》中也早说过："聚毒药以共医事。"到如今，事情不仅没有根本好转，更出了些唯恐天下不乱的人，孜孜不倦地对药和毒进行恶意混淆。要是有人神秘兮兮地跟你借钱，说他因为嗑药身无分文，你可别认为他不怕倾家荡产是为了吃一种益寿延年的药，他那是明告诉你，他在吸毒！

再举个例子。要是你得了特严重的病，对不起，我不是咒您，我是要说明问题，不过还是说自己吧，要是我得了特严重的病，比如白血病，医生一定会建议我马上开始化疗。尽管所有化疗药物在攻击癌细胞的同时也杀死正常细胞，尽管我所有脏器都会因此受到损害，头发会掉光，还有恶心呕吐、痛不欲生，而且疗效并不能保证百分之百，可一般来说，只要我还想活，我就得接受医生的建议。如果我活下来了，那是我命大；要是我死了，就有两种可能：要么是我正好属于没有疗效的倒霉鬼，只能怨自己命不好，要么就是我发生了"合格药品在正常用法用量下出现的与用药目的无关的或意外的有害反应"。那就不是一般的命不好，而是命不好得到了家！所以，凡吃药的人，要小心了！

幸好科学家再次给我们带来了新希望。

基因技术研究证明，人与人之间99%的基因相同，仅存在1%的基因差异。正是这种极小的差异，导致了生命的多样性，不同的种族、肤色、相貌，对各类疾病不同的易感性，以及对药物的不同反应。不久前，美国食品和药物管理局已经批准了一项基因测试研究，可预测个体对许多常见处方药的反应。不难理解，它可以大大减少药物不良反应。更加令人鼓舞的是，美国已经批准了第一个人种类药物。所谓人种类药物，就是它对白人无治疗效果，对黑人却极有疗效。科学家说，这预示着针对每个人基因特征的个性化处方治疗已开始步入轨道，在5—10年的时间里，就可以进入我们的生活。

说来说去，我还是比大观园里的林妹妹幸运。我至今怀疑她既不是死于恩断情绝，也不是死于咳血，既然从"会吃饭起就会吃药"，那最大的可能是死于药物不良反应。所以，尽管现在环境污染比那时严重很多，尽管现代生活方式给我们提供了更多的死亡方式，尽管我现在也能跟林妹妹一样撒欢儿地跟吃饭一样吃药，但至少，我死于药物不良反应的可能性却有希望比她小很多。

2005年11月17日

吃素需要理由吗？

　　一个从美国回来的朋友说她现在吃素，饭局一下变成了专题讨论会。认不认得、熟不熟悉的朋友用各种各样的问题淹没了她。为什么吃素？吃素不影响健康吗？和不吃素的家人怎么相处？朋友是个在国际游走的室内设计师，所以问题还包括：素食不影响你的创作吗？哪个国家都有素食餐厅吗？请客户吃饭怎么办？最尴尬的是，朋友出于客气让我点菜，费尽心思让同桌不吃素的客人满意之外，一再确认过的几个素菜端上来，朋友小尝一口却停了筷子。原来，素面是用鸡汤煮的，赛螃蟹里也放了鱼肉，我不好意思地把服务员叫上来诘问，没想到那小伙子大睁着眼睛问，这两样还不算是素的吗？当然经我说明后他还是道了歉，重新上了一碗清水面，可我听见他上面的时候小声唠叨说："菜做成素的怎么能好吃？干吗要吃素呢？"

　　其实，现代素食者的队伍正在悄悄壮大。除了有素食传统的亚洲国家如印度、中国之外，西方国家的素食人口也在不断增长。占人口比例较高的国家有英国（7%）、美国（5%），荷兰、德国、意大利和西班牙的素食人口也有较高的比例。而且，素食者早已不像人们原来想象的那样不是与宗教信仰有关就是与虐待心理有关。美国人福克斯（Michael Allen Fox）最近的新书《深层素食主义》里说，素食主义的最大特点是悠久。素食的观念虽然古老，却具有"间歇"和"起死回生"的特点，当一个观念被遗忘得太久可又终于被人想起来的时候，那些人往往认为是自己发现了它。现代素食的理由随着现代生活方式的变化而变化。成立于2005年4月的北京大学素食协会网站上提供的素食理由有：素食是美味可口的，是有充足营养的，是有利健康的，是环保的，是保护动物的，是可以陶冶性情让人们回归自然的，等等。

据我所知，最极端的素食主义当数1989年在美国出现的"免费素食主义者"。他们宣称彻底与消费主义决裂，不仅素食，而且拒绝被雇用，只靠在垃圾箱里捡拾别人的废弃物为生。你要是在美国看到一个靠垃圾充饥的人，千万别认为他是一个可怜的流浪汉，他完全可能是一个志向高远的反全球化人士。这些免费素食主义者仇视七国集团及其他世界经济，是彻底的无政府主义者。尽管已经有十几年的奋斗史，但他们对自己思想的传播和组织的壮大持无所谓态度。他们拒绝与新闻传媒接触，对在大众传媒中是否看到关于自己群体的消息非常冷漠。他们认为大众传媒是操纵世界意识形态的幕后黑手。

其实，我也短暂地成为过一个素食者。数年前我们到北京郊区的一个温泉度假村开会，度假村的巨大草坪上笼养了很多动物，一个笼子里甚至有白孔雀、白鸽子和完全白色的山鸡，另一个笼子里有几只美丽的白狐狸。我想饲养者肯定是个热爱白色动物的有品位的人。还有几条长耳大眼的狗，饲养员正在喂食，我们一行人上去帮忙，这些友好的动物从我们手上取食的时候，给了我们最友善的注视。晚上吃饭，上桌的菜都有些形状可疑。主人热情劝菜，说这些都是城里吃不到的美味，想吃什么可以现点，只要笼子里有的，他们都提供现杀服务。我大惊失色，想到草地上那些白色精灵，那些有着善良眼神的温驯大狗此刻统统变成了盘中餐，一时翻肠倒肚，痛不欲生！那以后的很长时间，我完全不能闻肉的味道，成了一个忧郁的、关心人类命运和世界和平的素食者。

当然，由于种种原因我没能坚持素食，可是我感觉到素食主义的力量，它正在无声无息地逼近我们的生活和心灵。作为一种生存方式，素食越来越不需要特殊的理由。而一件不需要理由的事情往往是因为有一个太大的理由，那就是当我们人类不断侵入自然界的时候，自然界也会强烈地挤压我们。不管为了逃避还是为了抗争，素食主义是一个还算体面的去处。

不过要记住，成为熟练的素食者并不是一件容易事，尤其对那些不是从小吃素的人来说。你最好有点营养学知识，不能太忙，最好有家人的帮助，要是有一个或者几个同伴就更好了。

2005 年 12 月 6 日

谁也别说谁

我最近爱请人吃饭，不是在饭馆，而是在自己家，当然就是自己做。从请客人，买东西，到发、泡、洗、切，再到下锅、进烤箱、出微波炉，烟熏火燎，劳心劳力，怪的就是兴高采烈，乐此不疲。

一两次做得好，人家夸了几句，就野心膨胀。听说过的没听说过的，做过的没做过的，都敢招呼。直到昨天请了自己至亲的人，牛排烤成胶皮鞋底，意大利粉里头凉外头热，总之四个菜做坏了两双，客人走了，自己陷入极大沮丧。

为什么要请人到家里来吃饭？有人为了让特定的人对自己有好印象，然后达到某种目的，有人为了炫耀，也有人为了娱乐。可我请的人不是好朋友就是我家人，他们不会因吃我的饭而改变对我的印象或决定是否帮我。我做饭是对着食谱现学现卖，要是食谱丢了，就算做过，下次再做也绝不可能。而我最苦恼的是客人来了在客厅高谈阔论，我只能在厨房忙里忙外。尤其碰上那忒不懂事的，好容易大家肚子都混饱了，吃的做的都消停了，我正以为可以说出或听到些精彩见解的时候，却有人连说得走了。惊问原因，或者明天早起上班，或者家里还有孩子，甚至还有的说——狗狗没喂！如此，我对自己为啥要请别人来家里吃饭陷入极大困惑之中，幸亏老公一句风凉话点醒了梦中人："还用问原因？上瘾了呗！"

人共通的弱点也许不是轻信、不是嫉妒也不是自私，而是上瘾。烟、酒、茶、鸦片、大麻、可卡因这是最传统的瘾品。新近时髦的有换脸，也有人叫整容，还有上网、短信、博客等。别以为只有赌博、吸毒这样的坏事才上瘾，工作劳动、体育文艺、算算术讲故事、听音乐看电影、种庄稼盖房子、科学研究、发明创造都可以上瘾，还有做爱、吃饭、洗澡、按摩、挣钱花钱、捡垃圾、游行示威反对全球化等，一不小心可能就占了一样，总之是谁也别说谁。当然这些事本身说不上好坏，问题是一沾了"瘾"就麻烦，就带贬义。没看见"瘾"是个病字头，是有病的意思？

最近比较有趣的一则科技新闻说，有科学家认为，上瘾和我们体内一种神经介质多巴胺的分泌有关。美国《神经病学》杂志上一篇文章报告，亚利桑那州一家帕金森氏症研究中心的研究人员，共对约1900名帕金森氏症患者进行了1年的研究，发现7男2女共9人有病理性赌博瘾，其中2人短短3个月内分别在赌场上输掉6万多美元。这9名迷上赌博的患者都服用左旋多巴，他们在赌博嗜好出现前平均患帕金森氏症11年以上。这些人以前并无赌博史，是在服用左旋多巴6—64个月后产生的赌瘾。其中大多数人在改变或减少用药后赌瘾能够得到控制。

多巴胺是我们大脑中分泌的一种诡秘的神经介质。记得在医学院当学生时最怕考多巴胺的内容，因为它的生物活性太多太复杂，有些功能根本就自相矛盾、完全相反。近年对多巴胺的研究越来越热。尤其是瑞典科学家卡尔森由于证明了多巴胺是精神分裂症和帕金森氏症发病的原因而获得 2000 年诺贝尔医学奖之后，不断有科学家发布研究成果，证明多巴胺在影响人类情绪和行为方面的种种作用。目前已知它与多种人类情绪，如快乐、沮丧、亢奋、绝望等有密切关系。它在特定情况下还能激发多种能力，如创造力、物质欲、爱和被爱的能力、感受色彩和旋律的能力、运动能力，甚至不喜新厌旧的能力，还有如前所说的，赌博和上瘾的能力等。

说了这么多，其实就是想说，不管你对什么东西上了瘾，即使是赌博、毒品、网络这样非常麻烦的东西，都不要以为这仅仅是缺乏意志品质或者道德败坏的结果。要知道，上瘾是人类共通的弱点，至少科学家认为它和我们大脑中的神经介质分泌有关。所以，既然它是一种病，就一定可以治疗。问题是你要主动寻求帮助。

以下内容或许有用。

1. 出现以下情况说明有上瘾问题，① 影响生理和心理健康，② 违法（使用违禁药物或酒后驾车），③ 影响工作，④ 财务陷入危机，⑤ 伤害亲友关系。

2. 一个有上瘾问题的人，通常的表现是：① 减少交流，② 回避谈论该问题或拒绝表达感受，③ 惧怕责任和说谎，④ 喜怒无常和经常发作的极度沮丧。

3. 如果你担心他人，就鼓励他寻求帮助。如果你担心自己，就尽早找一个你尊重和信任的人说出一切。

记住，寻求帮助没有太早或太晚，任何时候开口都合适。只要走出第一步，后续问题，比如到哪里治疗和如何治疗，就都不是问题。

我老公指出我请人吃饭已经上瘾的时候，我怀疑我的多巴胺分泌不正常，所以我决定歇一段时间。当然，如果能练到四个菜中有一半靠谱，我会立即考虑再次请人来家吃饭。

2005 年 12 月 15 日

照耀临终的一线曙光

　　两千年前有人问孔子死后种种，圣人只说了六个字：未知生，焉知死。其实生与死不过是相对而言，所以这话反过来说成"未知死，焉知生"也无大错。法国大哲学家蒙田说：人的一生都是在学习如何面对死亡。这和孔子说的其实是一回事，要是非来个中西比较，孔子的话只不过暗示了国人的文化传统——不愿意也不善于谈论死亡。

　　进入现代以来，无论哪个国家、何种文化，也无论是否愿意或者善于，絮絮叨叨谈论死亡的人显见着越来越多。不难领悟，这是科学技术发展带来的后果。谁都能看到，发达的急救医学使得生死之间的界限不再清晰，起死回生的过程变得十分可疑，越来越严密周详的心肺复苏技术、越来越昂贵精密的生命支持系统，可以毫不费力地把人滞留在边缘状态，让他们暧昧地"活"上数年甚至数十年。人对生死的认识自然也不能像原来那么朴素。"器官移植""克隆技术""脑死亡""植物状态"等怎能不让他们心烦意乱、斤斤计较、步步为营。尤其是"安乐死"，更成为法律、医学、伦理和社会学的巨大难题。

"安乐死"（euthanasia）来源于希腊文（eu-thanatos），意思是容易而善意的死亡。现代人使用它一般有两层意思：一是无痛苦致死术，是采取措施加速病人死亡；二是安然去世，一般指不采取措施，或者只采取减轻痛苦的措施任凭死亡发生。也有人称其为主动安乐死和被动安乐死。一直以来，人们对前者的争论比较激烈，所谓立法不立法，也多针对这种主动安乐死。而对后者则比较宽容，即使在许多对安乐死没有立法的国家里，医生、病人、亲属以及多种社会组织都在有意无意地促进被动安乐死的发生。

值得庆幸的是，这样的事情也正发生在我们身边。巴金老人的例子就给我们带来了一线曙光。前面提到，当巴老再次垂危，他的亲人决定放弃抢救，而非常幸运的是，这个决定"最终得到中央某部门的同意"。我问过一个在急救临床工作多年的朋友，他说，普通人也许无法像巴老一样幸运，因为如果没有一个权威部门的同意，这种事情对尽职守法的专业人员来说还是有很大风险的。不仅如此，事到临头才做重大决定，无论如何都会有仓促和不够郑重之嫌。那么有没有办法把事情做得好点，把这生命尽头出现的一线曙光变成照耀临终的温暖太阳呢？

在那些比较成熟富裕的国家里，这种事情一般是由医生、法律工作者、医疗保险公司、家庭看护协会、临终关怀组织以及宗教慈善机构一同来完成的。他们通常对已面临死亡并想了解临终问题的病人详细解释诸如心肺复苏、喂食管和呼吸机等对他们可能的作用和影响。鼓励家属、病人和医生共同讨论选用或放弃某种措施的预后和结果。在美国，一项由基金会资助的"五个愿望"（Five Wishes）

计划，做法是由医院、律师事务所、保险代理，甚至是雇主向雇员派发一份名为"五个愿望"的文件。这份文件让填写者的家属和医生了解其对五个问题的明确愿望：一、当你不能对自己的健康问题做决定时，你希望谁替你做；二、你想要或拒绝哪种医学治疗；三、你要多舒适；四、你希望别人如何对待你；五、你想要你爱的人知道什么。据说已有超过400万份文件正在发挥作用。让人们在紧急情况来临的时候知道怎么办。再比如一个家庭看护组织帮助那些决定放弃心肺复苏的院外病人的做法是，让他们事先填写一份具有法律效力的表格。这份表格有病人或指定代理人和医生的共同签名。它就近放在病人床边或挂在墙上，当急救人员赶到现场，发现某人的心跳和呼吸已经衰竭或正在衰竭的时候，他们仍然会尽力使病人感觉舒适，但他们不会采取心肺复苏，因为这只能使病人在痛苦和绝望中延长死亡的过程。当然，设法挽救生命在任何时候都是正常本能的反应，所以非常重要的一点是任何计划或表格都要保证病人随时能改变自己的决定。

说了半天，我也知道还是纸上谈兵。这等事情岂是一朝一夕之功？需要整个社会系统的协调和配合，还有民族心理、文化传统……但我总觉得，在吃饱穿暖之后，应该有人来关注此类问题了。比如我，虽毫无头绪并自忖鄙薄，但我决定从现在开始做点事情，"老吾老，以及人之老"嘛。而读者诸君，我只希望你们将来如果有一天发现某个机构或网站在派发一份类似"五个愿望"的文件，或者有社会工作者来和你讨论类似问题，你可不要无动于衷啊。

2006年6月8日

你也许忧郁，但你并不孤独

朋友一同出行，有人开辆崭新的宝马。看人家车好，就有人心里发酸不厚道起来，说什么"别看开那么好的车，闹不准有忧郁症呢"。没多少日子，惊闻开宝马的朋友真的跳楼自杀了！心痛之余更百思不解，他是一位还算成功的房地产商，年纪轻轻，功成名就，衣食无忧，女朋友漂亮温柔，父母也健在，虽说不上大富大贵，可也算诸事顺心了，为什么要如此决绝地弃世而去呢？再后来，听说他是严重忧郁症患者！

如今，忧郁症已经和艾滋病、癌症并称21世纪三大人类杀手。世界卫生组织说，全世界3%的人口患有不同程度的忧郁症。自杀或自杀未遂的人中，有50%—70%是忧郁症患者。怪不得有人说人类进入了忧郁年代。

忧郁症成了后现代的吊诡生活中最吊诡的部分。有人压力大，天天忙得脚打后脑勺，得忧郁症；可有人无所事事，天天早上起来发愁不知该干什么，也得忧郁症。有人遭受巨大打击如亲人去世、重病、伤残，得忧郁症，可一帆风顺的也得。反正出名的、出不了名的，发财的、发不了财的，有人爱、没人爱的，统统都可能得忧郁症。只有一项不大平等，那就是女人比男人得忧郁症的概率多一倍。

幸亏，除了自杀成功，忧郁症的好转和痊愈率可以达到80%以上，只不过好转和痊愈的原因也千奇百怪。一则未经证实的消息说，中国目前城市人口中有2600万忧郁症患者，其中有一半得病原因是房价过高。所以互联网上有人轻佻地预言，国家有关房地产开发的六条规定颁布后，中国城市中忧郁症发病率有望降低。与此同时，那个著名主持人去走长征路忧郁症就好了的消息却是得到过多次证实的。还有一个朋友告诉我，他曾经有非常严重的忧郁症，仅仅因为听说好几个认识的人也得了同样的病就不治而愈了。

还是言归正传，尽管医学界对于忧郁症的研究和了解远远不如其他两大杀手——艾滋病和癌症，但是，以下两个事实却被科学证实为确凿：

第一，忧郁症发生虽然可能伴有精神或心理诱因，但它不是精神问题或者意志品质薄弱，而是一种具有真正病理学改变的疾病，比如是因为脑部某种神经介质分泌紊乱等。

第二，忧郁症通过专业治疗，绝大多数可以好转和治愈。

所以，如果你怀疑自己得了忧郁症，切记不要去找精神病或者心理医生，而是要毫不迟疑地找神经科治疗忧郁症的专家咨询，只要医生建议，就应该毫不迟疑地开始药物治疗。因为现在已经发明了许多临床证明有效的，针对忧郁症病因的药物。

此外，你的好转和痊愈要依赖你的家人和朋友，所以，你要告诉他们：

第一，你生病了，你的忧郁症和伤风感冒一样，是一种真正的病，而不是精神紊乱或者心理障碍什么的。

第二，你正在接受药物治疗，这些药物很有效，尽管有些副作用，可不会成瘾。

第三，不需过分担心，虽然需要一些时间，但通常是半年到一年，你的病就可以好转或治愈。

第四，可以的话，最好和你一同约见有关的医生或专家。

要记住，你也许忧郁，但你并不孤独。

2006 年 6 月 27 日

人人都是皇室后裔

　　美国迈阿密大学教授会计学的一个叫鲁宾逊的副教授，近日连续遭受两次沉重打击。第一次是被告知，经过DNA技术检测，证明他是亚洲以外迄今唯一发现并被证实的成吉思汗后裔，第二次则是被告知不是。不过，看来中国的孔子后裔们并没有受到这类乌龙事件的干扰，因为据说他们正在一位媒体记者的策划下，准备用DNA技术对所有声称自己是孔子后裔的人验明正身。

　　自从20世纪50年代科学家们发现了脱氧核糖核酸（DNA）是遗传信息的载体，这个仅由四个不同核苷酸组成的神秘双螺旋分子结构就成为破解人类血缘关系的密码。时至今日，通过各学科之间的渗透，"分子人类学"或称"分子人类考古学"正在蓬勃发展，关于人类起源尤其是血缘关系的各种研究结果正通过媒体轰轰烈烈、堂而皇之地进入社会视听，满足大众对自己祖先日益强烈的好奇心。

　　今晨从某电视台的读报节目中传来好消息，最新血缘学研究成果被英国科学家拿到大型的计算机上进行了一次天文数字的计算。

结果非常美妙，现在地球上的所有人可能都是皇室后裔。也就是说，地球人不是王子就是公主。他们的论据之一是，现在所有活着的人都可能与至迟在 2000 年前的任何同一个人有血缘关系。他们甚至还考证出，中古时期的欧洲皇室曾与伊斯兰教先知穆罕默德的后人联过姻，所以现在所有生活在西方国家的人都可能是穆斯林的后裔。不知此成果能否缓和愈演愈烈的两大文明的冲突。但人人都是皇室后裔的结果对人类最深刻的哲学思考——"我是谁？我从哪里来？又到哪里去？"——无疑构成严重挑战。尽管有人说人类发展到今天早已不需要哲学，可是对这深刻问题如此均一的回答还是让人觉得不对劲儿。就是在童话里也不能光有王子和公主，还得有奶妈、农夫、猎人，甚至还得有点妖魔鬼怪什么的。我们活得本来就够乏味，现在又人人都是皇室后裔了，世界的多样性岂不更是大打折扣？

血缘学研究和 DNA 检测技术的基础是依据男性染色体中那条和女性不一样的 Y 染色体。可是一项同样严谨重要的研究认为，自从 3 亿年前人类脱离爬行动物向哺乳动物进化时有了性染色体后，Y 染色体就一直在退化。按照 Y 染色体过去年代中退化的速度计算，它在 1000 万年以后会完全消失。就是说，尽管全是皇室后裔，可那时没有王子只有公主了。而且，公主们将由于没有 Y 染色体而无法获得任何关于祖先的信息。可以肯定的是，1000 万年后，那些完全不知祖先为何物的公主只能过着一种比我们现在乏味不知多少倍的生活。当然也不好太幸灾乐祸，因为她们很可能与我们任何一个人都有血缘关系，是我们的嫡亲曾曾曾……孙女。

还是伦敦一家烤肉店的老板来得聪明实惠，他声称为所有成吉思汗后裔提供免费午餐。他说，成吉思汗生前拥有不计其数的妻子儿女，后来又建立了版图最大的帝国，人人都可能是他的后裔。看样子怀疑自己是一代天骄子孙的人即使是在伦敦也大有人在，因为烤肉店顾客大增，只不过能通过同样免费的检测证实自己真实身份的人其实不多，所以来的客人大多还是自己付账。

2006 年 7 月 3 日

你有机了吗？

朋友请吃饭，去他家赴约时满腹狐疑，因为从未听说他或他老婆会做菜。果然不出所料，端上来一桌子菜不是白醋拌就是白水煮。隐忍着吃完这些寡淡东西，觉得总该问个究竟，就鼓起勇气说："这……这……这……"朋友笑说："你怎么都结巴了？是想问这有什么好吃吧？"没等我回答，朋友的妻子一脸自豪地说："这些全是有机蔬菜，第一健康，第二不加油盐才能吃出菜的好啊。"我才想起超市里确实卖一类菜名叫有机。我原来只以为它们与其他菜不同的是包装讲究和价格奇贵，今天又增加新知识：第一，吃这些菜可以健康；第二，吃它们一定要白拌白煮。

20 世纪 30 年代，英国农业专家霍华德首先提出有机农业的概念。它是在发达国家农产品过剩、生态环境恶化、环保主义兴起的背景下产生的。农产品的生长过程以及土壤中不含且不加化学肥料、化学农药、化学除草剂以及任何化学添加剂等的叫有机农产品，由其制造的食品且在制造过程中仍然不使用任何化学制剂的叫有机食品。"有机食品"是英文 organic food 的直接翻译。

大谈有机食品好处的当然大有人在，总结起来不外三条：一是对人体无害，二是更有营养，三是环保。这些结论背后都是长串的科学数据。认为有机食品不好的同样大有人在，并对以上三条逐一批驳。第一，动物粪便含有比无机化肥更多的使人致病的病菌病原，对人体无害无异于天方夜谭。第二，没有证据显示有机食品一定比一般食品更有营养，因为食物中所含蛋白质、维生素、纤维、矿物质等实际上是由气候、水质、土壤成分、地域、光照等多种因素决定的。第三，有机农业效率低，生产同样数量或质量的农产品要消耗更多资源。这些结论后面也有同样长串的科学数据。

好在我们还不是对所有问题都不能回答。对于土地而言，有机农业的好处是确凿的。近日台湾旅游开放，我们就有了眼见为实的机会，因为台湾是我国开展有机农业最早的地方。在高雄旗山，一块耕种了 16 年的土地被分成三块：右边实行有机耕作，中间是有机与现代耕作对半，左边是完全现代耕作。经过 16 年后，三块土地面貌大不相同，右边的有机地如同林间沃土，黑亮松软，而左边长期施用农药化肥的土地粗糙、板结且遇小旱就皲裂。

无论如何，2005 年有机食品的全球贸易零售额已经达到 300 亿美元，专家预测今年还会增加 10%。尽管中国刚刚发展起来的有机食品认证制度还非常不完备，可被现代文明踢着屁股奔跑的城市人正在义无反顾地追捧这个概念。就像前些年时髦人士中流行询问"你中产了吗？"一样，今后见面问人家一声"你有机了吗？"也许会成为颇为时尚的事。

到我家来吃饭的朋友注意了，我家无论红烩牛尾、莲子黄焖鸭还是凉拌木耳、西红柿炒鸡蛋等可都还没"有机"。你要是"有机"了就别来，要是跟我一样还没"有机"就热烈欢迎！

2006 年 7 月 12 日

嗨，张美丽！

去年我患腰疾，对是否手术犹豫不决，遂去咨询一位医生朋友。

朋友在他的骨科主任办公室里听完我的陈述后说：来，我给你讲讲手术是怎么回事。他把我带到门后，那里像大多数办公室的门后一样竖着个普普通通的衣帽架，上面挂着他的外套和帽子，一眼看去面料做工均很讲究。我会心一笑，所谓人要衣服马要鞍，朋友是个高大漂亮的男人，这副行头很配。

正在我疑惑讲手术与衣帽何干时，不想他一边把自己的衣服和帽子拿到一边，一边口气绵软地像跟什么人打招呼地说："嗨，张美丽。"

我看到衣帽下竟是一副雪白的人体骨架！我也是学医出身，对这种教学用的人体骨架不至于吃惊。奇怪的是这位骨科主任跟它打招呼，还叫它张美丽。

主任非常职业地用这副骨架三言两语跟我讲清了手术过程，然后把自己讲究的帽子、外套又给骨架穿戴上了。口气和眼神更绵软地对那副骨架说:"好了,张美丽,这回就这样了。"

我实在无法克服自己的好奇心,就问:"你叫它什么?"

主任说:"张美丽啊!"

我说:"你知道她名字?"

这种人骨教具一般都用真骨做,但为尊重捐赠者,一般不透露任何个人资料。骨科主任怎么会知道她的名字?

主任果然说:"我不知道。"

我说:"那你叫她张美丽?"

主任说:"跟我这么久,总该有个名字。"

我说:"是你给起的?为什么叫张美丽?"

主任说:"骨龄不大,又是女性,不知为什么就觉得她该叫张美丽。"

我说:"她现在穿着你的衣服,戴着你的帽子,可你下班呢?"

主任指指自己的白色工作服说:"下班脱下来,她还是穿我的衣服啊。"

我又问:"来来去去都跟她打招呼?"

主任这回有点不好意思地说:"习惯了,没办法。"

走笔至此,想起我另外一个叫朱正琳的朋友,他最近写了一篇文章叫《死的理想》,说自己的理想是临死时到高海拔的大山上去……我当时看了很惭愧,因为我对自己的死亡从来没有理想。

现在,我可以自豪地告诉大家,我终于也有了"死的理想"。尽管遗体捐赠在我国医疗实践中仍然困难重重,尽管许多有志捐赠遗体的人处处碰壁,但我还是下定决心要在死后通过捐赠变成这样一副白骨,挂在这样一位高大漂亮的随便什么科医生的衣帽架上,每天和他一起面对病人，穿他的衣服，还听他用特别绵软的口气跟我说：

嗨，张美丽！

2006 年 7 月 19 日

生命在别处

不喜欢猫，因为从小听大人说猫有九条命。

猫来去无声，眼睛幽怨鬼魅，想必与命太多有关。

最想不明白的是有了九条命该怎么办。它们之间是轮流上岗、残酷竞争，还是互相依存、协调发展，抑或是前赴后继，用一条少一条？

最近，电影《X战警Ⅲ》在一个网络虚拟社区举行首映式。同时，英国广播公司一个音乐频道也把自己的一个音乐盛典放上去。听说希拉里·克林顿手下的一些政客还想在这里建立一个总统竞选办公室，希望能让虚拟的她在虚拟的市政大厅里向选民拉票。不仅如此，在这个社区里，有现实世界里的所有东西。这里有城市、街道、娱乐场所、医院、商店、股票交易所等。不同的是你可以用虚拟的身份、肤色、职业和年龄在这里"过日子"。你可以在这里娶妻生子，早上出门前先把自家院子的草坪修剪完，然后走到街道另一边乘坐公交车上班；可以在这里的股票市场上大赔大赚，也可以通过别的生意养家糊口。你可以选择当慈善家或者当罪犯，或者同时都当。不过你要认为不会为自己的罪行付出代价，就大错特错了，这里的电子警察最后多半还是能把你绳之以法，还听说破案率颇高。这个虚拟社区就叫"第二生命"。平均每天都有3000多人争先恐后成为这个社区的新居民。他们态度诚恳，兢兢业业，责任心一点不比在现实生活中差。

不仅如此，虽然小布什最近使用一票否决权使美国的允许干细胞研究法案泡了汤，可全球干细胞研究的脚步并不会因此放慢。对那些因疾病和伤残剩下"半条命"的人来说，干细胞研究指向的器官再造、神经细胞再生等完全有望使他们残缺的生命重新完整。另外，电子技术的发展，已经使瘫痪病人可以使用意念完成某些动作。听说在最近的一次试验里，试验者的意念不仅使自己的电脑关闭，还把试验用的电脑一同关闭了。还有大家耳熟能详的生命支持系统，在你没有自主呼吸和心跳的时候，能用人工技术维持你的生命。还有遗体冷藏技术能使你在死后多年复生。还有人工授精、试管婴儿、克隆技术……

总而言之，人的生命在膨胀。无论虚拟还是现实，你的生命都可以在别处，可以轮流上岗，可以互相依存，也可以用一招少一招……

记得早年间一位丹麦友人说她在中国最喜欢市场上商品种类少，进商店买了就走，反正没的挑。那时中国还是短缺经济，对于享受西方物质极大丰富的人来说竟是福地。

不知当具有生命在别处的无限多可能之后，人会不会怀念"没的挑"？也不知道有了九条命的人会不会像猫一样变得来去无声和幽怨鬼魅？

2006年7月27日

不疼痛的权利

电视中报道过一位患癌症已发展到晚期的母亲，为了陪伴年幼的女儿，不惜忍受任何痛苦以争取多活一天、一小时甚至一分钟。对如此坚韧的母爱，没有人能不动容，但对故事中的母亲所要忍受的巨大疼痛没有得到很好控制这一事实，报道完全忽略，甚至有意无意地对这种忍受表示了赞美。在我看来，这种赞美是不恰当的。因为使严重病人的慢性疼痛得到有效控制已经是现代医学科技可以做到的事情。

20世纪80年代，世界卫生组织就提出了到2000年使"癌症病人不再疼痛"的目标。他们认为，根据当时掌握的有限种类的止痛药物，就可以使90%的癌症疼痛得到控制。世界卫生组织制定了"三阶梯止痛疗法"，并在全世界推广。但是，20多年过去了，这个目标并没有实现。

为什么控制疼痛从技术上说并不特别复杂和困难，可直到今天，积极和充分地治疗临床上发生的疼痛不仅在中国，甚至在全世界都是一件棘手的事呢？

专家们分析出来的原因有许多，比如人们对止痛药物的麻醉作用和成瘾性存在普遍的恐惧，一些国家的政府和卫生行政部门对止痛麻醉药品过于严格的监管，以及在某些文化中认为忍受苦难和疼痛是一种美德，等等。但是，还有一个最重要的原因，那就是许多人，包括一些医务工作者并不知道，要求不疼痛是每一个病人最基本的权利。当身体出现问题的时候，疼痛是一种保护性反射，所以，所有疼痛都应该被关注和治疗。

美国疼痛基金会推荐的一份疼痛照顾权利清单这样写道：当疼痛时，你有从医生、护士或其他专业人士那里得到关于你疼痛的认真的报告，以及出于尊重的治疗的权利；从医生那里获知你的疼痛原因、治疗的可能性、益处、风险以及各项费用的权利；等等。

当然问题还有另一方面，那就是尽管人人都有权利要求不疼痛，但是，治疗疼痛的研究是否成熟、方法是否有效以及价格是否昂贵呢？令人欣慰的是，所有关于疼痛治疗的好消息恰恰都是来自上述这些方面。同样是美国疼痛基金会的一份最近的详尽调查表明，21世纪以来，现代医药科技通过新药、注射和输入、植入或非植入的泵装置、光热疗法、外科手术等治疗手段，对各种严重疼痛的缓解和控制率比世界卫生组织当初提出"使癌症患者不再疼痛"的目标又有很大提高，甚至可以达到98%，而且价格绝不昂贵。

所以，不管是亲人还是你自己，面对疼痛问题时首先要清楚，现代医疗早已提供了有效而不昂贵的手段控制疼痛。而不疼痛，是我们大家最基本的权利。

2006 年 8 月 17 日

关于"捐献骨髓"改名的建议

朋友半夜打电话来说已经好几天睡不好。我问原因，原来是她几天前被中华骨髓库通知骨髓初步配型成功，要她做好准备，条件成熟就可捐献骨髓了。

朋友是大好人，每年都去志愿献血，捐献骨髓就是在一次无偿献血时决定的。

我问干吗睡不着？治病救人也不是第一次了，不用这么激动吧？朋友说，怎么这么快就配型成功了呢？我说，这么快是什么意思？朋友说，你说什么意思？快就是快的意思。我说我完全被你弄糊涂了，她说我自己也有点糊涂。我说你到底什么意思？她说，恐怕我把抽骨髓这事想简单了，事到临头怎么越想越可怕呢。我这才恍然大悟，原来她对捐献骨髓有顾虑。

有顾虑的不止她一个，记得我们刊物曾做过一个系列明星访谈。除了问明星爱吃什么爱穿什么怎么出的名之外，编辑部还设计了几个挺有意思的问题。比如问明星是否献过血，是否捐献过骨髓。明星或者已经献过血，或者表示只要有需要绝不会犹豫，可对献骨髓就吞吞吐吐。首先没有一人捐献过骨髓，其次也没有一人说自己对捐献骨髓没有顾虑。

捐献骨髓顾名思义是把自己的骨髓抽出来捐给别人。10多年前，为了得到骨髓中足够的造血干细胞，确实要在局部麻醉下经多次骨穿才能完成。对人伤害大，术后会出现各种不适。不过，近10年来，情况已经大为改观，科学家们想了很多办法把骨髓中具有造血功能的干细胞"动员"到血液中去，然后，把抽出来的血通过分离机将造血干细胞分离出来。也就是说，现在捐献骨髓实际上已变成捐献造血干细胞，不用再做骨穿而只需要抽血了。只需约50—200毫升外周血即可得到足够的造血干细胞。干细胞被分离出来后血液还可回输到捐献者体内。造血干细胞具有强大的再生功能，捐献后人体会在短时间内恢复原来的细胞数量，所以不会感到任何不适。捐献者一般只需要请半天假完成手术，术后不需额外休息和调养。

"按你这么说，捐献骨髓就跟献血一样了？"朋友在电话里说。我说："对极了，就跟献血一样。"朋友默默无言放下电话，我想她对自己的顾虑多少有点儿不好意思。可我想错了，因为电话马上又响了起来，她完全是在质问我："既然和献血一样，为什么不改个名字？是不是你们医生都喜欢吓唬人？"

于是我赶紧写了这篇《关于"捐献骨髓"改名的建议》，并强烈建议把"捐献骨髓"改成"捐献造血干细胞"，当然所有骨髓库也得随之改成"造血干细胞库"，免得落下"吓唬人"的名声。

2006年8月25日

世界上最快乐的人

　　先是听说成龙在"拯救中国虎"的公益记者会上自曝已立好遗嘱，要将家产捐出一半给"成龙慈善基金会"。紧接着8月25日，香港《大公报》载，华人首富李嘉诚将对名下的基金会继续投入巨资，直到其不少于本人财产的1/3。以李嘉诚约1500亿港元财产计算，基金会将增至480亿港元。一天之后，也就是8月26日，外电称，股神巴菲特周五将其旗下价值16亿美元的股票捐赠给了比尔·盖茨的比尔和梅琳达·盖茨基金。刚过76岁生日的巴菲特较早时还曾经允诺，他将捐出85%的财富（估计为440亿美元）用于慈善事业。这将是美国迄今为止最大的个人慈善行为。两位全球最富有的人向媒体表示，他们决心共同抵抗疾病、减少贫困和提高教育水平。

　　朋友聚会时有人提起这事，一位年轻朋友说不知这些富豪争先恐后捐巨资做慈善到底是为了什么。我则脱口而出：为快乐。他说，捐钱、做慈善就快乐了？我说，当然了！他说，何以见得？我说，一句有名的谚语说，你想快乐一小时，去找好朋友喝酒；想快乐一整天，去钓鱼；想快乐一个月，结次婚；要是想快乐一辈子，就去帮助别人。他说，可最近英国人的调查说世界上最快乐的人在热带岛国瓦努阿图，他们的快乐与他们的贫穷有关。我说，可当地一家媒体的编辑说，千万别把这结果告诉瓦努阿图人民，就让他们这么乐着吧。年轻朋友说，这什么意思？另一个比较会悲天悯人的朋友叹口气说，不自知自觉的快乐哪算得上真快乐呢？我最近看了咱们中国社科院的调查，说在中国城市里，比较富裕的人因为更自信、更健康、生活更丰富而更快乐。我说，心理学和社会学还认为，快乐与年龄之关系像浅 U 字形，儿童时相当快乐，少年时快乐减少，30 多岁时快乐最低，以后快乐又回增。到 50 岁以后，人的快乐曲线则急速上升。年轻朋友说，等等等等，说了半天，咱们到底在说什么？我说，我是在说这些捐钱做慈善的大富豪是世界上最快乐的人啊。年轻朋友又问，何以见得？我说你看，他们富裕，帮助别人，而且年龄都过了 50 岁。年轻朋友说，就算他们是世界上最快乐的人，与我何干？我说，太有关系了！让你们年轻人认识到快乐和年龄的真正关系，这能有效降低自杀率。比如说你在这个年龄老不快乐，可千万不要有轻生念头，咬牙坚持活到 50 岁，以后才是快乐年龄。他说，有什么用？我又不会像他们那么有钱。我说，只要你知道有钱就有快乐，就一定会努力挣钱，一努力就较少机会成为穷人，总之把钱和快乐画上等号，多多益善嘛。悲天悯人的朋友说，对，帮助别人那是一种情怀，和有多少钱无关。

年轻朋友终于笑逐颜开。

我借着点儿酒劲说，举杯举杯，为未来世界上最快乐的人干杯！

2006 年 9 月 3 日

你还愿意要孩子吗？

在一些房地产商和汽车销售商眼里，有孩子的家庭购买大房子和大汽车的可能性已经低于没有孩子的家庭。有孩子成了享受现代高档生活的障碍。英国的一些消费者已经要求航空公司和铁路客运公司分别设置带儿童席和不带儿童席的席位，并宁肯为坐在没有孩子打扰的地方多花钱。在欧洲许多地方，客户一旦听说哪些房屋附近的住家有孩子，那它就一定租不出好价钱。这是消费社会、个人主义和能源危机带来的新趋势。

德国在20世纪80年代成为首个生育率低于更替水平（一个育龄妇女生育两个孩子，可使人口保持自然更替）的超低生育率国家。现在，低生育率的浪潮已经波及全世界除非洲大陆之外的所有地区。日本《朝日新闻》早在2004年就警告说，照目前的生育率，200年后日本将因人口极度减少而种族消亡。无怪乎日本皇室近日添丁的消息使这个岛国朝野狂喜，政界学界一致欢呼说这可刺激日本人的生育率从而给经济发展带来新希望。而韩国政府从去年起甚至鼓励绝育妇女实行输卵管疏通和再造，并为没有尽早鼓励生育而后悔。

众所周知，中国是人口生育率降低最快的国家。自从 20 世纪 70 年代初实行计划生育，中国的总和生育率从 6.0 左右大幅度降到 2005 年的 1.8 左右。有位中国科学家说他按照联合国给出的中国人口寿命预期测算中国未来人口数的结果，让他着实吓了一跳：假如中国的总和生育率持续稳定在 2000 年政策允许的总和生育率水平 1.46，到 2300 年人口将只剩下 7500 万人，如果总和生育率维持在超低水平 1.30，到 2300 年人口则只剩下 2800 万人！

据说，中国面临低生育率带来的各种问题，如劳动力短缺、创新能力衰弱、老龄化等都已经摆上了决策者们的桌面。"人口红利"时期向"人口负担"的急剧转化更早就引起学者们的重视。呼吁国家调整人口政策的呼声日高，甚至有人激烈地提出对"马寅初人口理论"的再批判。可是既然生育愿望降低和生活现代程度走高密切相连，就算国家政策转变，中国人是否愿意再生孩子却也是个大问题。当年全体中国人民为了国家的前途和人类的命运走上了计划生育之路，今天消费已成为世界潮流，生活成本随能源危机不断上升，后现代生活中种种不确定、不安全因素日益显现，他们还会为同样的原因再来响应一次国家的号召吗？

所以我们该有什么理论或者政府该有什么政策也许不像我们想象得那么重要。要知道，人口是最大的生态，对生态一味干预并不是最好的办法。我们不妨从这里开始，问问自己或者自己的孩子，你还愿意要孩子吗？

2006 年 9 月 14 日

月圆之夜会发生什么？

近年的美国电视剧无论什么题材都会凑上一段有关月圆之夜的故事。无论在律师所、赌场、急诊室还是警察局，无论是疯狂主妇、黑道家族还是少男少女，都因月圆时人人性欲亢奋加情绪错乱上演了最疯狂的故事。月圆之夜在电影里还是异类现形时分，狼人、豹人露出他们的尖牙利爪，吸血鬼或僵尸则为那些古老神秘的欲望四处游走……相比之下，东方文化中的月圆之夜要温馨许多，它代表思念、乡情、爱情和团圆。

从古至今，大多数人相信月亮和生命现象有关。许多似是而非的说法出没于民间传说、宗教、占星术、文学艺术和现代影视传媒中。甚至有科学家不断提供统计数字，说明月相与人口出生率、女性生理周期、谋杀和自杀、风流韵事、癫痫发作、抑郁、疯狂甚至各种精神病有关。这些研究一般基于如下推理：月球引力是海洋潮汐的主要成因，人体中80%是水分，所以，月亮盈亏也能引起人和许多生物的"生物潮"。实际上，对这种说法早有人根据万有引力的公式精确计算过，他们说，月球引潮力对人体内任何流动或循环的体液的作用，应是该体液重量的大约三十万亿分之六。也就是说，人手里拿的一本书对人施加的"引潮力"是月球引潮力的千万倍。

不过，还是有统计结果在不断公布，前些年是说满月时婴儿出生率比其他时候高，这种说法甚至在许多妇产科医护人员和大医院产科中间流行。近年又在网上流传满月时出生的婴儿畸形率高的说法。不管专家们提供了多少数字证明这个说法完全没有科学依据，许多人还是坚持通过人工手段坚决不在满月那天分娩。

为什么关于类似问题的说法，甚至是科学研究名义下的统计数字总是自相矛盾？我早想对此多说两句。科学界每年发表的实验报告和观测记录成千上万，其中当然有可靠的，但一个公开的秘密是，多数（注意，是多数而不是少数！）或是基于拙劣的实验技术，或是由于不适当的对照标准，或是在带有偏见的情况下挑选资料而完全不可靠，还有一些报告甚至是捏造的。通过查找科学文献为自己提供证据，对于那些热衷散布新奇理论的人来说已是习以为常。从成千上万份记录中挑选出符合要求的二三份资料确实不是什么稀罕事。更糟糕的是，这种风气随现代生活方式的膨胀早已通过大众传媒渠道深入人心。

生活中不得不随波逐流对如今的人来说早已习以为常，后现代社会中的不确定性也早不是什么稀罕事。但可以肯定，当中秋一轮明月升起之际，是上演疯狂故事还是共享天伦之乐，对我们这些凡夫俗子来说，还是一件可以自作主张的事。

2006 年 9 月 29 日

死于年老

　　在医院里去世的人，医生无一例外地能为他找到一个缘于疾病的死因——心肌梗死、中风或者哪个脏器衰竭等。可实际上，世界上的人不管是不是在医院里死去，大多数是老死的。

　　当然许多人不同意这一说法，因为无论由什么机构发布的人类几大死亡原因从来都没有"老死"这一项。据中国卫生部的资料，2005年中国城市居民前十位死因为恶性肿瘤、脑血管病、心脏病、呼吸系病、损伤及中毒、消化系病、内分泌营养和代谢疾病、泌尿生殖系病、精神障碍、神经系病，占死亡总数的92.0%。不过，把这些疾病数字做另一种归纳统计，就可以看出年老是导致疾病的根本原因，80岁以上死于这些疾病的人，一定比80岁以下的人成数倍甚至数十倍增多。

　　幸好，相信大多数人表面上死于疾病而实际上死于年老的人越来越多，这实际上也是导致"老年医学"独立分科的基础和原因。越来越多的医生认识到，使用各种介入性疗法延长人的寿命并不总是正确，年老有时甚至会使它们变得惨无人道。比如给高龄肾衰老人实行的血液透析，对生活品质已十分低下的老人实施的气管插管、放化疗和外科手术已经受到越来越多的质疑和挑战。老年医学日益重视的是维护老年人的生活质量，让他们过尽可能独立和有尊严的日子，具体来说，就是控制尿失禁、意识混乱和帮助家属处理如阿尔茨海默病（老年痴呆）这类疾病。

年老是一个既与疾病相依存又独立的过程，就算没有任何疾病发生，它也从不停止脚步。荷马说：生命如同绿叶，当一代繁盛时另一代就飘零。美国第三任总统杰斐逊临死前说，为了让位给下一代，我们必须离开。这种智慧对我们普通人来说并不陌生，用平常话说就是，这是自然规律。实际上，大自然不光制定规律，也提供办法，那就是变老。不仅人如此，地球上的一切生物都如此。当然人类总是比较幸运，因为人在哺乳类动物中最长寿。

各种类型的科学家为了不同的理由对年老进行研究，煞有介事地提出各种导致变老的机制。但实际上，人类对这个大自然的秘密至今不得要领，想要影响寿命的各种努力也收效甚微。

在科学技术还没有像今天这样发达的年代，人们对死于年老的人充满敬意，认为这是人生中的最高境界。许多文化或宗教中还把这种现象和积德行善、幸福圆满连在一起。我家族中一位经常被提起的人是我妈妈的爷爷。妈说她现在还梦见童年的她被爷爷扛在肩头走在家乡临漳城中。一天早晨大家叫爷爷起来吃饭，发现他已毫无声息。"他是老死的。"妈总是这样骄傲地结束对这个长辈的怀念。

死于年老是自然不过的事。

从什么时候开始我们需要不断回想才能贴近自然？

2006 年 10 月 7 日

分清病菌和病毒对现代人很有必要

昨日新闻节目中，一家权威电视台的主持人说："欧盟卫生官员警告，一种具有极高抗药性的结核病毒正在欧洲静悄悄地复苏……"不论这条新闻事实，只说这段话里隐藏的天大错误——结核病的病原不是病毒而是细菌！无论作为一家权威电视台的主持人还是一个现代文明人，分清病毒和病菌都非常必要，往小里说，这关乎你对疾病的基本认识。

致人类患病的两大病原是细菌和病毒，但是它们是截然不同的。细菌有基本的细胞结构，可以自我繁殖。病毒则是由极小的基因蛋白分子构成，不吸收营养，不代谢，不能自我繁殖，有些科学家甚至因此不同意把病毒划归生物体。这些性质决定它们在致人类疾病和这些病被治愈方面有极大不同。

自抗生素问世以来，许多凶恶的细菌性疾病如霍乱、鼠疫、梅毒、破伤风和肺结核等都得到了有效治疗。抗生素只要破坏了进入人体的细菌的生存繁殖条件，就可杀死它们，达到治疗目的。但是对于病毒，由于它没有自我繁殖能力，只能寄生在人体细胞中，利用其生物合成机器进行复制并释放子代病毒，而到目前为止，我们还没发现任何能区分正常细胞和被感染细胞的药物，又不可能把人体所有细胞都杀死。所以，病毒性疾病基本上无药可治。

据现有资料，引起人类疾病的病原微生物中70%是病毒，我们平常所说的感冒也有70%—80%是由病毒引起的。所以一旦患病，首先弄清楚是病毒还是病菌感染十分重要。临床上区分这两种感染并不困难，一个小小的指尖验血常规往往就能解决问题。而不分青红皂白使用抗生素不仅对病毒性感染毫无用处，对原来可以治愈的细菌性感染也害处多多。人们在世界上很多地方都发现了对目前所有抗生素耐药的细菌，它们不是自然界中原来就有的，而是在使用抗生素最多的医疗场所或人体上被发现的。本文开头所说的具有极高耐药性的结核病菌（注意！不是病毒而是病菌）就属于这种情况。

值得庆幸的是，人体对抗疾病的办法不止被动依靠药物一种。自人类发明牛痘通过激发自身免疫能力来对抗天花病毒以来，注射疫苗是唯一能同时杀死病毒和病菌的有效办法。人类把消灭那些最凶恶的疾病，如艾滋病、禽流感和非典型肺炎等的希望，无不寄托在发明和制造有效的疫苗身上。

所以，对于一个可能得病的社会自然人来说，具有区分病毒、病菌的意识十分重要，更不要说那些传播信息的媒体和媒体人。

掉进信息陷阱是现代生活中最容易发生的事件。要是这个陷阱与我们的生命健康有关，就更可怕，活命哲学将何处栖身呢？

2006 年 10 月 15 日

幽暗中的魅力

西方的万圣节有点像中国的清明节，因为它们又都被称为鬼节。

所谓鬼是人死后变成的，尽管许多人不相信有鬼，可从它在文学艺术中一直充当重要角色的事实来看，它在人类意识中一直占据着重要地位。

人对鬼从来又爱又恨。因为分处阴阳两界，立场不同，技能不同，人总担心被鬼伤害。但鬼毕竟原来是人，人将来也难免变成鬼。所以最常见的状态是"人鬼情未了"。多年前同名电影大热全球以及中国志怪小说《聊斋》至今魅力不减，都说明这种情怀中外皆然。对于是否有鬼，许多人已经学会不深究，因为人类对于自身与宇宙的想象往往有益无害。

即使从最真诚的科学立场出发，也会发现这样一个事实，那就是人类对自然界了解得越多，导致的结果反而是未知部分越大。尽管这个事实非常难以接受并从本质上揭示了人的生存悖论。

从 21 世纪初始，科学界最大的谜是宇宙暗物质和暗能量。与人类已知的物质不同，它们都完全不发光或不与光产生作用，所以用任何现有科技手段都不能被"看见"。就目前所知，暗物质起到的唯一作用是引力作用，科学家们在半个多世纪前就是通过计算宇宙星系中的引力而发现它的。暗能量则直到1998年才被证实存在，甚至不能算作一种物质，因为它根本没有质量，所以只好勉强把它称为能量。科学家们认为它在宇宙中起斥力作用，但由于它没有质量，所以又不能严格说其是一种斥力。更具体的说法是，宇宙大爆炸时产生的能量把物质往外排斥，暗能量斥力作用的发现，使学者们认识到，宇宙不光是在膨胀，而且还是在加速膨胀。更令人吃惊的是暗物质占宇宙总物质能量的26%，暗能量则占到70%，也就是说宇宙中能被我们"看到"的常规物质只占小小的不到4%。虽然李政道院士去年在清华大学做有关讲演时推测核能与宇宙中的暗能量可能相变相连，但科学家们都承认，实际上我们对宇宙暗物质和暗能量的性质知之甚少，甚至一无所知。也就是说，主宰宇宙的是我们完全看不到和基本上不知为何物的东西。

这对人类现有知识无疑是重大挑战。它提醒我们，对于迄今使用科学手段发现的一切也许不该那么沾沾自喜，而对那些用现有科学概念不能解释的一切则应学着心存敬畏。

我的意思当然不是说暗物质和暗能量的存在能引出一个鬼魅世界的存在。但我们至少明白，幽暗之中到底有什么人类其实完全不能确定。所以当一个节日来临的时候，最明智的办法是忘掉那些言之凿凿的争论，而去想象幽暗中的魅力，体会未知的快乐和享受人类文化中那些最风趣的内容。

2006年10月21日

洗澡时你干什么？

一位女性海归朋友有一次跟客户谈广告，客户说："行，一起洗个澡，就把事情都谈了。"朋友听后大惊失色，连忙打电话问我："国内现在都这样了？拉广告还得陪人洗澡？"这当然是误会，那客户说的实际上是许多人追捧的"洗大澡"。"洗大澡"通常在洗浴中心，除了洗澡、按摩、饮料，甚至还有餐饮和演出，洗高兴了还可以留宿。经常跑外的生意人特别喜欢这种地方。来办事，往洗浴中心一扎，叫上朋友或生意伙伴，连洗带玩，连吃带喝，住店的钱都省了，并没有黄色内容。不过这种地方免不了男女混杂不拘小节，对一位海归女性毕竟不妥。

现在城市中真正时髦的洗澡去处叫SPA。如果有人呵气如兰地跟你说：我每星期都去SPA，那你得明白，你面前站着的是最有格调和气质的城市人了。SPA原是比利时东部一个著名的有矿泉浴的旅游小镇，现在被人翻译成"水疗"，成为不管有没有天然矿泉都号称有治疗作用的澡堂子的统称。那些把自己叫SPA的地方当然一律富丽堂皇、香气缭绕且收费昂贵。听说有创意的北京人已经把 SPA 开到老式四合院里。这让那些不喜欢北京人唯我独尊做派的著名国际品牌都到上海扎堆。像法国依云、新加坡 in one spa，还有位于五星饭店 26 层的知名化妆品品牌娇兰的旗舰店则干脆做成 SPA 馆，洗护全过程加上按摩香熏等全用自己的东西。

当洗澡被消费主义大肆包装的时候，很多人仍在怀念那种洗澡时大声唱歌的快乐方式。听说运动明星刘翔被八卦媒体问到时也曾坦承自己喜欢洗澡时唱歌，并说他相信"谁都喜欢洗澡唱歌"。一个大学生在网上发帖，说通过短信调查大家在洗澡的时候爱唱什么歌，且不论最后结果，在花费巨额短信费之后最让他吃惊的是竟没有一个人说自己洗澡的时候不爱唱歌。不过听说美国宾夕法尼亚州的法律禁止洗澡时唱歌，原文如下：The state law of Pennsylvania prohibits singing in the bathtub. 好在 bathtub 指浴缸或浴盆，就是说宾夕法尼亚州法律只禁止在浴盆或浴缸里唱歌，而淋浴时不管。尽管有人论证过洗澡时唱歌对健康的各种好处，但关于洗澡时唱歌的坏消息越来越多。近日报载：澳大利亚电力公司在对 400 人进行调查之后，认为洗澡时唱歌是延长洗澡时间的重要原因，因此为了节水建议人们洗澡时最好不唱歌，一定要唱就唱较短的。

我们这里的问题是，各种 SPA 和"洗大澡"并不提倡节约用水，可出入这里的人已经不追求这种朴素的欢乐。而当大学生澡堂都使用凭卡用水后，洗澡时唱歌的人恐怕也要绝迹了。

2006 年 11 月 3 日

别让记忆变垃圾

信息技术的进展可谓捷报频传。近日报载，英国电信公司未来学研究中心的科学家们预言，通过纳米技术和人工芯片，人类将能把生命中所有信息都存入电脑。就是说一个人即使肉体不存在了，可他看过的影像、听过的声音、闻过的气味，甚至想过的事情，包括神经系统在内的全身生物系统对这些东西的反应都可以完整保留下来。

如果说以上消息是预言，那么微软公司高级研究员戈登·贝尔可已经实实在在地这样生活了8年。1998年，他在一个名为"我的生命比特"（My Life Bits）的计划中开始用电脑记录他的全部生活，所谓"比特"是二进制数字信息的最小单位。他先把自己过去的一切文字和影像资料，如老照片、录像、文件、日记等扫描进电脑，然后开始记录自己生活中发生的一切。他每天要花很多时间把新照片和看过的电影分类，记录每天浏览过的网页，储存所有收到的电子邮件。他还把一个有多种感应器的数码相机挂在脖子上，把自己每天所见所闻制成带声音的影像，然后存入电脑。有人攻击他的疯狂举动来源于他对自己在一次心脏病后暂时失忆的恐惧，可这位已经 70 多岁的电脑奇才显然不这么想，他说他除了希望将计算机处理信息的能力进一步提高之外，更想通过记录自己的生活，为所有人的未来指出方向。

所有这些预言和研究可不是为了好玩，有人已经决定当真正的仿真人体做成之后就把这些成为比特后的"完美记忆"拷贝进去。他们说这项技术将使死亡彻底失去意义。

用科技手段实现这个愿望也许并不太难，但问题是，这真是我们想要的吗？人类自以为是的活动已经在现实世界里造成了天文数字的有形垃圾。谁能保证这些变成比特的"完美记忆"，到头来也不过是一堆信息垃圾呢？人的自然记忆曾使那些被称作知识的东西像一条河从古代流淌到今天，尽管电脑技术已使传统知识分子的博闻强记威风扫地，人人都变成了"知道分子"，可事无巨细一网打尽的所谓"完美记忆"，却第一次把传播知识的功能彻底逐出了记忆之门。别忘了生理学研究不止一次证明过，不完全的记忆也就是必要的遗忘，是大自然对人类最好的保护。当然最令人担心的事情是，如果像贝尔老先生这么聪明的人都把每天的大部分时间用来翻检记忆垃圾，那么人类最宝贵的创新精神一定会大打折扣。

小时候听大人说，人死了之后要经过一条叫忘川的河，河上有座奈何桥，桥头有孟婆店。人喝了孟婆汤后再过忘川河就会把所有的事情都忘掉……

这当不得真的故事来听，可怎么现在听上去，反而比我们的未来更真实和合理呢？

2006 年 11 月 10 日

疾病新世纪

　　昨日晚间新闻报道：荷兰一名男童已证实死于新型克雅氏病，这是两年内这个国家第二例死于这种疾病的报道。专家们预言，这种20世纪90年代首次发现的疾病会在21世纪引起更多的死亡，这是一种目前不能治疗的典型新疾病。

　　从20世纪70年代开始，科学家们已经发现了30多种新传染病，如艾滋病、禽流感、埃博拉出血热等。被统称为新疾病的这类传染病一般分为两种情况：第一种的病原体是以前从未发现过的，如艾滋病毒、SARS病毒等；第二种是老病原体的新变种，如各种流感病毒尤其是禽流感病毒等。除此之外，由于人类疏忽预防和病原体对药物产生严重耐药而产生的传统传染病，如结核、天花等被称为重现传染病，也正在全球死灰复燃。世界卫生组织认为，与新疾病和重现传染病相关的流行病正以历史上前所未有的数量发生。资料显示，曾经一度认为已被基本攻克的诸如结核病、天花、霍乱和肝炎等传染病造成的死亡人数近5年来上升了至少50%。发病率一直呈下降趋势的白喉、疟疾等又卷土重来。科学家们说，今后30年还会有更多新疾病发生。

新疾病对人类的威胁不仅在于病原体，更多来自传播途径的新变化。现代航空业把全球各主要城市之间的飞行时间都控制在36小时以内。每年1/10的世界人口在全球飞来飞去，这使边境控制与检疫对预防传染病几乎没有意义。城市人口的迅速增长也使新型微生物的生存机会大大增加。国际贸易、气候变暖、环境污染都是疾病滋生的肥沃土壤。科学家们还相信70%的新疾病的发生与动物有关，所以野生动物栖息地锐减也是祸端。甚至医院普及也成了疾病传播的罪魁。资料显示，医院是麻疹、多种出血病以及军团病传播的主要场所。毫不夸张地说，在我们这个越来越小的星球上，每个人的健康都与别人息息相关。今天发生在地球某一角落的未经控制的传染病，无论地区多么偏远，明天就可能出现在世界几乎任何一个地方，甚至暴发疫情。

当然，在与新疾病斗争中我们还有好消息，比如近日陈冯富珍医生当选世界卫生组织总干事。她不仅是这个职位上第一个当选的女性或者第一个中国人，我们非常欣慰地从她的简历中了解到，这位来自香港的资深人士曾经领导特区卫生署成功度过1997年禽流感疫情和2003年"非典"危机。进入世界卫生组织三年以来，她在传染病防控事务方面成绩显著。在人类进入新世纪又是疾病肆虐的时候，陈冯富珍这样的人怎么会不众望所归呢？

2006年11月19日

谁在编造疾病？

科学技术的发展与社会现代化应使人类越来越健康，但事实是，我们面临的疾病却比历史上任何时期都多。环顾左右，许多似是而非的疾病在我们身边飞舞：上班有疲劳综合征，上学有读写困难症，上网有上瘾综合征，还有一空闲就紧张的假日恐惧症、一上酒吧就情绪低落的酒吧孤独症和一不出门就抑郁的旅游出行综合征……

许多评论家指出，这种轻佻随意的疾病命名法是某些大制药企业的阴谋，他们为了追求丰厚的利润，正在编造疾病。原本是正常的生命现象，比如掉头发、体重不标准、食欲或性欲不旺盛等，都被他们说成不正常和不健康。而一些只是可能的危险，比如血脂高以及一些偶然现象，如面临压力的紧张和抑郁等也都被他们包装成危险和现实的疾病。

药厂是获利最丰厚的产业早已不是什么秘密。美国《财富》杂志早些时候评出的全球500强企业中的前十大药厂，其利润总和竟然比剩下的490家公司的获利总和还多！制药企业最常见的说法是，高药价、高利润都是为了弥补在开发药物时的巨额研发成本。但数据证明，至少美国前十大药厂最大的支出项目都不是研发，而是被称作"营销与管理"的支出，这个项目最近 10 年来一直占十大药厂营业收入的 36%。对于国内大部分只生产仿制药而根本不需要什么研发费用的制药企业来说，这个问题有多严重就可想而知。越来越多的人认识到，让一般人觉得自己不健康、不正常甚至有病，而每天需要服用更多的药物，是全球各大药厂的共同目标。

不过事情还有另一面，那就是人们对于自身健康的追求越来越狂热。科技发展使人们日益陷入能掌控一切，包括自己生老病死的错觉中。近日一组外电报道，有调查显示，越是富有的国家在医疗体制上的投入越多，生活环境和饮食越好，人们感觉自己患有某种疾病的倾向越明显。有些人已经不需要出现任何症状，只要了解在某种情况下可能患有某种疾病就会自动对号入座。

根据世界卫生组织的定义，健康是"生理、心理和社会关系的完好状态"。这显然是一个过于苛刻并简陋的定义。对照该定义，恐怕不会有任何人达到健康的标准。科学家已经在提醒人们对健康的过度追求有时恰恰是不利于健康的。

许多人恐怕从来没想过，对健康的过度追求和对疾病的过度恐惧正使他们在全球制药企业为追求利益而编造疾病的企图中成为同谋。

2006 年 11 月 25 日

问责艾滋病

　　今年中国媒体对世界艾滋病日的宣传报道集中在艾滋病对儿童的影响上。卫生部和中央电视台联合举办的世界艾滋病日特别节目名为《携手儿童，共享阳光》。无论是"颍州的孩子""8个人的学校"还是"云香的故事"，都以艾滋病孤儿的经历为主线。当我为这些不幸的孩子动情动容的时候，内心更浮现出别样的伤痛，因为孩子们的经历都指向一个巨大疑问，那就是当不幸发生的时候，我们的政府在哪里？尽管两年前，女孩云香通过一个有政府背景的工作委员会的活动找到了新家庭，而且在中央电视台的镜头里，我们也看到了云香远在云南的家被政府修缮一新，可那些簇新的水泥砖不能不让我们还是心存疑惑，政府的干预是不是来得太晚，或者只为了一个特殊的日子？不仅如此，我们尤其不能回避的一个事实是，中国最早发生的那些严重的艾滋病疫情，竟然是由输入污染血液造成的，在一个时期内，应由国家卫生部门严格监管的血制品竟成了艾滋病传播的重要途径。我想，那些颍州的孩子和只有8个人的学校里的学生，一定都是这些受害者的后代。当然，各种来源的消息都正在证明，那沉重的一页已作为历史翻过。如今中国政府在全球抵抗艾滋病的活动中正勇敢地承担起自己的责任。

今年世界艾滋病日的宣传口号是"遏制艾滋，信守承诺"。而主题是accountability。大多数中国媒体在使用这个英文单词时将它翻译成"责任"，但联合国有关机构的主页上，时任秘书长安南致辞中的这个词却被翻译成"问责制"。我认为这种翻译更加准确可靠。安南说："今年世界艾滋病日的主题是问责制，它要求每位总统和总理、每个议员和政界人士都决定并宣布'艾滋病止于我'。问责制要求所有领导人和政界人士加强保护所有脆弱群体，无论是艾滋病病毒感染者、年轻人、性工作者、注射毒品使用者，还是与同性发生性关系的男子……问责制要求领导人努力推动切实、积极的变革，给予妇女和女孩更多的权利和信心，转变社会各级的男女间关系……"也许是有感于自己即将卸任，安南的话在最大程度调动政治意识和呼吁政府职责上做出前所未有的努力。安南还在致辞中强调，所有参与工作的人，无论是医务工作者、社区领导人甚至家属朋友，都应该倾听心声，提供照顾而不作评价。

也许在联合国工作的人确实是一些英才，要不他们怎么能为世界艾滋病日提出这么切中要害的主题？也就是说，无论怎么高估在全球抵抗艾滋病活动中对政府和国家首脑实行的问责制都不会过分。

2006 年 12 月 2 日

活到老，洗到老

感冒是冬季常见病。过去人们一直认为，无论是一般感冒还是流行性感冒都是经呼吸道飞沫传播。可是近年来随着禽流感等严重威胁人类健康的疾病肆虐，人们对感冒的传播途径的研究越来越深入。结果显示，70%以上的感冒是通过接触传染。于是，洗手成为预防各种感冒最有效的手段之一。

洗手曾经是身份象征，古犹太人只有神职人员才能经常洗手，古阿拉伯人也把请客人洗手作为最高礼仪。在医学史上，懂得洗手与预防疾病之间的关系仅仅是150多年前的事。那时候巴斯德还没有发现微生物，维也纳的一位匈牙利籍产科医生塞梅尔魏斯发现许多因产褥热死亡的病人与一些实习生对她们的检查有关。这些实习生往往在上完尸体解剖课后来检查产妇。他怀疑这些人的手是传播致病链球菌的罪魁祸首，遂主张用石灰水洗手，这有效降低了产褥热的发病率。不过非常不幸的是，由于当时的环境和他的性格，这位医生的重大发现却迟迟不能被医学界普遍接受，不仅造成无数产妇的悲剧，甚至还造成他个人的悲剧。洗手能够预防疾病的简单事实，竟然在它最初被发现的时候被认为是异端邪说，这类事在科学史上倒也司空见惯。

幸好对我们这代人来说，"洗手预防疾病"已经成为常识，从幼儿园起我们就被各种洗手歌、洗手谣、洗手图和洗手课教育着要勤洗手。几年前"非典"流行的时候更来了一个洗手大普及。那时最流行的一则温馨短信就叫"没事消毒洗手"：月色浓浓如酒，春色轻轻吹柳，桃花开了许久，不知见到没有，病毒世间少有，切忌四处乱走，没事消毒洗手！不过，"非典"早已过去，看天下，不洗手或者不能正确地洗手的人还是大有人在。最新一项对包括美国、意大利、法国、德国等8个国家的8000名18岁以上成年人的调查发现，只有1/4的被访者表示会经常洗手。中国香港地区的一项调查显示，虽然有90%的人表示自己在如厕后洗手，但这些人中却有90%的人洗手方法不正确。更值得注意的是，不洗手和不能正确洗手的人中男性明显多于女性。顺便说一句，正确的洗手三要素：一是流水，二是肥皂，三是充分揉搓30秒以上。

总而言之，洗手是成本效益比最优的预防疾病的方法，是每一个文明人在履行保护自己和别人不受疾病感染的义务时最容易做到的一件事。

我很骄傲地告诉大家，在我已85岁的老母亲数十年如一日的耳提面命下，勤洗手已是我家的家教。至今回家时还能听到她老人家殷殷询问："洗手了吗？"这可是世界上最细密绵长的母爱。

怪不得我们家人无论男女都早已下定决心，做像她老人家一样活到老、洗到老的洗手模范。

2006年12月8日

快活、慢活和乐活

对现代人来说，最复杂的问题之一是怎么活着好。主张快活的向来人多势众，说到及时行乐或者怎么高兴怎么来，没听到太多不同意见。后来在一些自认有品位的人中悄悄流行"慢活"，就是要放慢生活节奏，慢慢吃、慢慢走、慢慢想，清楚自己到底要什么。生活简单了就慢了，所以这些人说生活越简单越好。有人出了一本名叫《慢活》的书，大卖。房地产商及时跟进，放出新楼盘叫"慢城"，听说也大卖。近来快活、慢活都说腻了，你猜又出了个什么时髦东西？猜对了，叫乐活。要是你碰见一个吃健康食品、穿天然纤维、用最新款 iPad，虽然抵制高尔夫运动，可没事就进瑜伽馆的人，三句话不离健康和环保，尤其是进了多高级的餐馆只吃素食并自带餐具，你就该心下明白，你碰到一个自我感觉不错的乐活族了。

乐活是英文 Lohas 的汉译，是"健康可持续生活方式"（life styles of health and sustainability）的英文缩写，被翻译成"乐活"，则透着香港人一向在英译汉方面的精到。这个词由美国一位社会学家在 20 世纪 90 年代创造，原是描绘一种消费趋势，后来成了一群既要享受高科技带来的现代生活，又提倡对自然环境负责任的人的代名词。保持对资本和消费主义高度警惕的人很快就站出来说，"乐活"是市场的又一个陷阱。陷阱也好，馅饼也罢，事实是迎合这种新消费时尚的市场确实巨大无比。最近一项调查显示，美国每年有4500 亿美元以上产值的产品与这种消费方式有关。听说美国每四人中就有一人是乐活族，欧洲更不得了，每三个人里就有一个。有人预估，十年内美国将有一半的消费者变成乐活族。乐活族媒体也应运而生，美国一下子冒出几十本专门刊物针对此市场。"乐活论坛"不光在美国开了十次大会，互联网上的"中国乐活论坛"也风生水起。一向老谋深算的《三联生活周刊》把 2006 年最佳设计与"乐活"挂钩，结果是干硬的商品内核再一次划破了脆弱的创意外壳，好像一张薄纸包不住烈火。还有一件事情更爽，那就是乐活市场从不缺钱，因为很多投资人是"乐活"的身体力行者。《华盛顿邮报》说，二三十年前在科技领域活跃而跻身亿万富翁行列的科技"旧"贵们，最新的选择是投资乐活。

　　说到这里，你也许明白了，乐活只不过是西方主流消费群体在物欲横流之后的良心发现。不要说投资，要玩得起乐活，月收入超过五位数恐怕只是起点。不过对那些新富起来的人来说，乐活关心可持续发展，提倡有道德消费，怎么说也比一味追求奢侈，只知住豪宅、开大排量车、吃鱼翅海参，只买路易·威登和古驰的活法来得有心肝。

2006 年 12 月 16 日

你的担心正确吗？

　　生活在现代都市，需要担心的事情越来越多。不过你是否问过自己，那些日夜困扰我们的事情是否真的值得担心？

　　比如开车，大多数人都会告诉你，他们担心高油价、汽车质量、售后服务、交通拥堵等，几乎不会有人说他们担心被撞死。可实际上中国是世界上因交通事故死亡人数最多的国家，每年死亡 10 万人上下，占全世界交通死亡人数的 20％。可与此同时，我们国家的汽车占有量只是全世界的 5.4％。又比如当全世界都在谈禽流感色变的时候，普通流感却正每年夺去 3.6 万人的性命，而实际上人传人的禽流感并未发生过一例。不仅如此，在日本卫生部门警告服用唯一的抗禽流感药物"达菲"可能导致"行为异常"后，又报道了怀疑有 12 名日本儿童因服用该药死亡。本年末亚洲开发银行的一份研究报告指出，空气污染每年在亚洲城市造成 53 万人死亡，而中国的兰州和北京被说成是世界上空气质量最差的地方。也就是说，当许多消费者因进口化妆品 SK-Ⅱ 含有来自天然原料的重金属而焦躁不安时，当中国许多大城市里的人因为孔雀石绿或苏丹红而不吃鱼、不吃肯德基、不吃咸鸭蛋时，他们却忘记了自己正每时每刻呼吸着世界上最脏的空气。众所周知，中国早已成为世界第一手机大国，消费者反映最强烈的是话费过高和服务提供商的恶劣服务，几乎没有人想到，手机大国正成为污染大国，一块手机电池中含有的镉可污染6万升水。据信息产业部公布的数字，中国手机用户已超过4亿，随着更新换代，每年被废弃的电池也需以亿计，而这些废弃电池几乎都没有经过无害化处理。前几日报载，在我国经济不发达地区连续两所乡村学校发生甲型肝炎疫情，媒体在悲天悯人地说到农村贫困，人们用不起每支80元人民币的甲肝疫苗时，完全忘记了对于甲肝这类"粪口"传染病来说，最好的预防办法就是简单地做到饭前便后要正确洗手。

这已经成为非常普遍的现象，人们总是花费大量精力和财富去注意和处理那些似是而非的隐患，而忘记了那些堂而皇之地存在于我们周围的危险以及简单有效的处理危机的方法。这种倾向也许是因为媒体误导、虚假信息泛滥，也许是因为制度缺失或者社会文化心理使然，总之现代人不得不接受的命运是，当人们被高科技的生活方式弄得心烦意乱的时候，还得担心自己对问题的担心是否正确。

2006 年 12 月 23 日

焦虑的年末

有统计说，超过一半的职场白领在年终岁末感到焦虑。其实何止白领，中国向来有这种传统，要不怎么好好地都把新年到了说成是年关到了呢？

中国各路媒体近年全学会了年末盘点，他们回望2006年的各式大块文章，什么十大人物、二十大看点、三十大新闻，要多少有多少。其中折射出来的社会浮躁和道德缺失没有一样不催人焦虑。台湾地震也来凑热闹，伤亡数字还没有海底电缆被震断的后果引人注目。由于国外网站和最大聊天室MSN不通，成千上万依赖互联网支撑精神活动的人来了个年终集体焦虑大暴发，许多人拒绝进入办公室，说完全失去工作兴趣。至于普通人居家过日子的焦虑，房价物价、教育医疗、生老病死……更与时俱进地进入了新轮回。昨天竟有朋友给我打电话说他彻夜未眠，很有可能得了焦虑症。我问缘由，他说从报纸上看到吃素的人智商高和事业成功的人多信佛，所以整夜考虑明年是否加入吃素信佛的行列。

虽然焦虑症很常见，但是它是有一组典型症状的神经症，不能把有焦虑情绪的人都算成焦虑症患者。国外报告一般人口中发病率为 4% 左右，其中美国等发达国家发病较多，中国发病率据说只有 7‰，但这是旧数字，相信近年随着经济两位数增长早已不止这些。正常人的焦虑是预期到某种危险或痛苦即将发生时的一种生物学防御现象，而病理性焦虑则是一种控制不住、没有明确对象或内容的恐惧，使实际威胁与引起焦虑的程度不相符。所以可以看出，以上所说种种包括我朋友为是否吃素信佛彻夜未眠还都算是正常人的焦虑。

对付正常人的焦虑美国人比较有办法，他们的拿手好戏是在年终岁末让一些有名的喜剧演员戏仿政客。据说今年最受欢迎的是针对总统小布什和副总统切尼的，前者说自己大开杀戒是为了自由，后者说自己猎枪走火打中朋友并不丢脸。中国人的类似才能则只能用在国内大片上，有关《满城尽带黄金甲》和《夜宴》的恶搞微视频都有极高的点击量。不过有学者出来说，恶搞实际上是搞"恶"，是对现实中充斥的乏味和浅薄的极大焦虑。

笔者邮箱里刚收到一封来自海外朋友的电子贺卡，图文声情并茂，记述一家三口年内种种欢乐，学业、事业、生活三不误，尤其是全家出游美国的照片，幸福美满清清楚楚写在脸上。你要是知道我这厚道人硬是从缝隙中看出了"焦虑"的话，你就该明白我有一个多焦虑的年末了。

2006 年 12 月 30 日

沐浴场所放置安全套好

近日卫生部会同商务部组织制定的《沐浴场所卫生规范》（征求意见稿）中有关"沐浴场所内应放置安全套或者设置安全套发售设施"的内容引起社会热议，据笔者看到和听到的，不以为然者多。

安全套原来叫避孕套，因能防止精液进入阴道而起到防止怀孕的作用。由于它能阻止性交时男女双方体液的互相接触，也被用来防止性病尤其是艾滋病的传播，所以又被称为安全套。到目前为止，医学界没有对预防和治疗艾滋病拿出有效办法。对这个吞噬生命的凶恶疾病，既没有疫苗也没有特效药。所以，为履行防治艾滋病的责任，在任何不能完全避免不安全性行为的国家和地方，都应该大力提倡使用安全套，这在世界度过第 18 个艾滋病日之后已成为国际上的常识。在这个意义上说，以上内容无论今日进入讨论还是明日能最终实行，都是一件好事。

中国社会对安全套的偏见由来已久。近年来，无论是安全套进入校园、酒店还是商业街，都受到过严重质疑。许多人甚至毫无道理地将它与色情或鼓励色情联系在一起，认为在任何公共场所放置或发售安全套都是不能容忍的。实际上，不安全性行为在任何历史时期的任何国家或民族中都早已存在，并不仅仅与色情业有关。而且可以肯定的是，由于具有复杂的生理、心理原因，在可预见的将来，无论文明多昌盛、法律多完备，这种行为减少或消失的可能性几乎为零。而在公共场所放置安全套或有关设施的举动，除了表现出一个现代的和谐社会对人性充分的理解、认同、宽容和应有的呵护之外还有什么？我们可以肯定的另外一点是，没有任何证据显示，使用安全套会增加不安全性行为尤其是青少年类似行为的次数。

至于许多人深恶痛绝的卖淫嫖娼，尤其是由贪污腐败所导致的，打击和制止它们是法律的责任，与在何处摆放安全套无关。

不过，一些言论者所提出的好事好办、不要形同虚设等意见，笔者想到过去许多政府行为中的弊病，确要举双手赞成。

2007 年 2 月 5 日

坏孩子的青春

虽然都是 50 年代生人，可是《与青春有关的日子》里的角色当年在我眼里都是坏孩子。尽管"文革"风狂雨骤，领袖大呼造反有理，但是任何成年或未成年人都没有理由在大街上呼朋引类、盗抢茬架，动辄夜不归宿（又叫刷夜？），我尤其不能容忍的是等同于流氓行为的"拍婆子"。

与此完全不同的是，那些从小立志做无产阶级革命接班人的好孩子的青春，不会因任何挫折而颓废消沉。他们对"天将降大任于斯人也，必先苦其心志，劳其筋骨，饿其体肤，空乏其身……"的道理烂熟于心，长期意识形态训练更使他们能对周遭发生的一切自圆其说。父母从革命功臣沦为阶下囚吗？那就相信群众相信党。下乡插队吗？早已一颗红心多种准备。就算"接受贫下中农再教育"从踏上乡土的第一时间就土崩瓦解，可是还有"广阔天地大有作为"的信念。那些在"四点〇八分的北京"，"一阵阵告别的声浪就要卷走车站"的时刻没有动摇的意志，当然再次选择不放弃。当坏孩子们滞留北京"轻易伤害别人也轻易被别人伤害"的时候，好孩子们却脸朝黄土背朝天，胼手胝足，默默争当"中国人的脊梁"。虽一灯如豆，但皓首穷经，尤其精读马列，坚信能为国家和人民找到"防修反修"的阳关大道。就算"九一三"事件爆发，"文革"已成笑谈，他们还是收拾心情，挑起拨乱反正和向科学技术进军的重担，继续冒雨迎风走在革命征途上……

尽管有人用《美国往事》或《猜火车》这样的青春经典类比，但是那段日子无论被冠以"阳光灿烂"还是"与青春有关"，在我来说都因充满耻辱而不忍卒读。其原因当然并不在于类似评论的出发点面目可疑，而首先是因为我无法置身事外。写到这里有人也许明白了，原来我是当年"好孩子"中的一员。我本以为如今时光潮水带走一切，孩子无论好坏，身份区别已毫无意义。在同是受害人又是害人者的往事背景前，对那些或暴力或愚昧的面孔不辨认也罢。如此德行在年华老去时能保存点不走样儿的记忆已属不易。

可偏偏不忍卒读之外又暗自心惊，暗自心惊之外又心生妒意。深夜扪心自问，我竟然还得承认好孩子、坏孩子大有区别。否则蓦然回首，为何好孩子都已本分老去，而坏孩子们却仍然年轻？再说矫情点，好孩子何曾有过青春？他们初谙世事就已白发三千丈……好端端的孩子怎么就分出好坏？多年来，我在各种客观因素如时代、家庭和教育中浸淫良久而不得答案。其实，个中原委与客观因素无关，更像是由生物基因和蛋白质排序决定的。不如此思想，世事渺茫中，当年的好孩子不是比坏孩子更难自处和自嘲？

走笔至此，终于满心欢喜，请为坏孩子的青春三呼万岁！

2007 年 3 月 7 日

穿普拉达的女共产党员

20世纪60年代末，西方世界曾在左翼思潮冲击下乱成一锅粥。以法国学生运动"五月风暴"为起点，对资本主义的失望和不满蔓延到社会每个角落。1949年在意大利米兰出生的缪西亚·普拉达那时处在人生躁动期，以她的古怪精灵和衣食无忧，当然不会放过这场送上门来的大热闹。背叛、革命、女权、反战、性解放、披头士、嬉皮、迷幻药和摇滚……在她眼里，整个年轻时代就像一场派对。这个富裕保守家庭的女儿在完成大学教育并在意大利米兰小剧院（Teatro Piccolo）里学习和演出了5年前卫滑稽剧后，一点儿没费劲就成了一名按时缴纳党费的意大利共产党员和激进女权主义者。

许多人因缪西亚·普拉达目前的大资本家身份而质疑她当年的共产主义理想。其实，国际共运史远比我们想象的精妙有趣。西欧国家如意大利、法国、西班牙等国的共产党，从诞生起就和苏联等不发达国家的共产党有明显区别。他们不主张用暴力夺取政权，认为通过议会选举和平过渡到社会主义在欧洲许多现代国家里切实可行。"二战"结束后他们确实在选举中取得过惊人成绩。比如法国共产党就曾得过全部选票中的 26% 而成为法国最大政党，共产党领导人还掌管过许多重要政府部门。缪西亚所在的意大利共产党更是西欧最大的共产党，第一次选举就得了 19% 的选票，党的领导人陶里亚蒂担任过政府司法部长和副总理。年龄足够大的中国人都知道这个名字，因为 60 年代有名的系列反修文章"九评"中就有两篇文章叫论和再论"陶里亚蒂同志同我们的分歧"。

其实，不论做资产阶级政府的副总理还是接管自家生意，陶里亚蒂和缪西亚都不过是在属于自己的时空里做出一次尽量合理的选择。而且，普拉达品牌爬上世界顶级奢侈品的宝座，很大程度得益于缪西亚性格中一贯的离经叛道。她深谙时尚诀窍就是反传统和反时尚，所以在设计中塞进最大限度的霸道和不合情理。至于商业上的成功，除了这个行业本身的不合情理，恐怕与人们的记忆有关。如今的社会精英，回想起自己竟然在那个年代对公平和正义有过绝对真诚的追求，谁能不为自己感到惊讶和感动？

缪西亚近年来中国，有记者问："你还是共产党员吗？"他们不知道，意大利共产党已在 1991 年 2 月以国家议会第二大党并在约半数省份与意大利社会党联合执政的身份改名为意大利左翼民主党。从温和的革命党转变为更温和的社会民主党，这是西欧共产党在苏联共产党的宿命之外另一种不错的选择。

尽管电影《穿普拉达的女王》里除了斯特里普精湛的演技，并没有太多普拉达的产品，但对缪西亚来说，她和品牌的符号意义却可从此越加娱乐起来。

缪西亚肯定不会坚决不穿自己品牌的衣服，可这篇文章更正确的标题显然应该是"造普拉达的女共产党"。

2007 年 4 月 15 日

有出口的地狱

最厉害的骂人话莫过于"不得好死",可见"善终"对人有多重要。

尽管有民族、有宗教(大部分宗教)、还有学问(比如哲学)声称自家专工此道并将其作为理想不懈追求,可任何事一成理想就有点儿悬,不努力追求不行,可努力追求了也不一定行。

死是件说不准的事,善终就更说不准。有人说是因为没人能现身说法。可就算有人能从那边回来说三道四,恐怕咱这些没死过的人还是无所适从。就跟一人一个活法一样,有人红口白牙非说自己活得比别人好,我先就不信。

照我看来,《深海长眠》并不因为它说了一个人追求"安乐死"而是好电影。相反,它很认真耐心地告诉我们,任何死法都不确定,都可能靠不住,基本上不能与时俱进甚至可能背时而退,至少是因人而异或者因什么都能异。这事说到底基本是说了白说或者说多了讨人嫌。除了男主人公雷蒙那双眼皮的大眼睛,电影编导演齐心合力处处表现出来的犹豫和说不准才是最打动人的地方。

有关"安乐死"的争论太多了，比如我就常跟自己争论。虽然我也希望得了重病或者老得不能自理、不想自己痛苦更不想拖累别人时，有个悲天悯人的好医生不仅帮我了结一切，还成全我的道德理想，让认得我的人觉得我一辈子说了那么多话终有一句没有白说。可问题是"安乐死"在中国立不立法都对为数很多的人不公平。不立法，帮人的医生和被帮者等同犯罪；立了法，就凭中国目前的法律环境和道德水平，它肯定在还没帮到好人的时候就先让坏人钻了空子。不说人体器官买卖会火成啥样，那些因没钱而抛弃亲人的事更要层出不穷。说这话不是没有根据，连最近来自荷兰的消息都称，在这个每年有上千人在医生协助下合法死亡的国家里，有越来越多的老年人和病人为逃避这种结局而移居国外。安乐死合法化造成的恐慌使他们越来越不相信自己的医生和"希望他们早日解脱"的亲属。他们单独或结伴穿越边境，逃往国外，主要是德国。

去年我和一帮朋友建立了"选择与尊严"网站，介绍一种与"安乐死"完全不同的使临终者不受过度抢救痛苦的"生前预嘱"。我们努力工作随时更新，不仅译介了上百篇中外文章，还让这个公益网站充满各种有关消息和最新观点，梦想有一天这种办法能在中国大陆变为现实，让父老乡亲都能和欧洲、北美发达国家里的人一样自由，依照个人愿望选择临终时要或不要哪种医疗照顾。不过说实话，随着时间推移和工作深入，我们发现这种温和得多的做法中所包含的伦理悖论和法律困境竟一点也不亚于"安乐死"。

让我欣慰的倒是网站上名为"死亡诗社"的群博。取名也是来自一部好电影，尽管有人批评"死亡诗社"里没诗，可没人批评它没死，因为这里的人谈死谈得天花乱坠。有人憧憬在海拔 5000 米的高山上咽下地球上最干净的一口气。有人希望大笑而亡。还有女性说死后要捐出白骨，唯一的条件是要挂在面容俊朗的男性医生门后。当然也有类似深海长眠或太空安息的想法。好在虽然都还是说不准，但能探讨各种可能，也没谁呼吁为自己的死法立法或者强迫谁一定得怎么着。

孔子说"未知生，焉知死"，我猜想其实是他早把死想透了，认定这问题根本说不准，由于说不准而变得很私人，由于很私人而不便当众讨论。在我们自己一吐为快的时候，当然还应当允许他老人家和一切不愿谈论个人隐私的人缄默。

有人说没有退路的天堂一定不是好天堂，同理，有出口的地狱一定不是坏地狱。合理社会的基本特征是容纳各种可能。想想看，要连地狱都有了出口，那还愁什么？不管轻如鸿毛还是重于泰山，阿弥陀佛，人人都能得善终了。

2007 年 5 月 31 日

看看咱们怎么灭绝

今晨新闻报道，一妇女产下六胞胎，母婴平安。语焉不详中，一句话颇为响亮："这是医生帮助的结果。"

其实，现代生殖技术不仅让多胎妊娠易如反掌，更让女人怀孩子这件事从根本上变得有趣如游戏。自从20世纪60年代几个美国医生发明了口服避孕药以来，据说全世界有总人数超过1亿的女性在使用。只过性生活而不想要孩子的女人竟有这么多，这让我有点吃惊。今年5月美国食品药品管理局甚至正式批准了一种让女性月经周期彻底消失的避孕药，让那些厌倦月事并因此多有自卑的女性在妇女解放的道路上又前进了一大步。想要孩子而不想要婚姻或性的人也不少。克隆人虽然受到大多数人和国家政府的反对，可花样翻新的人工授精技术早已深入人心。据专家估计，如今这种不知自己父亲是谁的孩子在全世界超过了100万人，年龄最大的已步入而立之年，过着与有爸爸的人绝无大异的生活。

搞艺术的人常弄出些雕虫小技来一展其行为艺术。一位独身女艺术家在一次讨论会上推出的作品是一个冰箱，许多冷藏格子里摆满采集精子的试管。冰箱门上贴着她给所有出席讨论会的异性艺术家或理论家的留言，希望他们捐献精子。她保证使用捐献品的人只有自己而不会用作其他商业用途。听说摆放冰箱的地方确有足够私密的空间供人操作。不知女艺术家最后是否如愿以偿，但这件作品在讨论会上造成了所有异性的互相猜疑和想象，终于成为最热门的话题。

其实，生殖技术的本意不是供艺术创作或随意改变家庭责任之用，而是为了帮助生理有缺陷的不孕不育者。时至今日已经没人怀疑它的巨大功绩，可有关人类生殖的坏消息还是不断传来。日本和欧洲的科学家为了研究环境对人类生殖能力的影响，不久前从欧洲四国和日本男子体内提取精液进行分析。结果显示，日本男子的精子数量最少，只有芬兰男子的2/3。无怪乎日本首相小泉在2006年新年时为全日本祝福时说："请大家像狗那样多多生儿育女。"看样子小泉是爱狗人士，但狗的生育力并不很强，比如我家小母狗"月亮"，进入发情期后两次配种都未成功。要我说，怎么也得请日本人民像猫或者老鼠一样多生儿女。这种事当然不能光看人家的笑话，香港《太阳报》报道，中国医院统计显示，我国男性精子浓度比40年前下降一半，在1500名捐精的大学生中，有37%被淘汰。在俄罗斯，已有15%的家庭不能正常生育……。显见这问题具有无可争议的世界性。科学家们除了找出环境污染、心理压力等原因外，最触目惊心的莫过于指出原本治疗不孕不育的生殖技术就是罪魁祸首。包括避孕后妊娠、人工多胎、涉及精子或卵子冷冻的试管技术等，这些技术造成的初生儿体重不足或先天缺陷的危险比正常受孕婴儿大许多。这些孩子更易患脑瘫，尤其易在成年后发现生育缺陷……

如此看来，墨西哥导演阿方索·卡隆在他 2006 年底上映的科幻片中讲述人类突然失去生育能力的故事并非危言耸听。这部电影叫《人类之子》，说的是 2027 年的世界。一名 18 岁的青年突然死去，引起举世大恸，因为他是地球上的最年轻者，人类完全丧失生育能力，而未有任何孩子出生已经多年。面对人类即将灭绝，科技束手无策。世界上大多数国家社会崩溃，非法移民像潮水一般涌向英国。伦敦城已成为人间地狱，人们在灭种绝境中放弃了所有希望，他们藐视法律，滥用武器，肆意妄为。老弱病残被送去安乐死，移民和罪犯被极权政府的武装士兵像畜生一样屠宰……。有人把这部电影说成是现实主义科幻片，人类无法传宗接代的想象使片中糜烂到极致的恐怖真实可信。

所有享受现代生殖技术带来的便利的人，都去观赏一番《人类之子》如何？茶余饭后看看咱人类到底会怎么灭绝，对笃信活命哲学如你我者，真不是一件坏事呢。

2007 年 6 月 14 日

知道安慰剂

欧洲天主教徒葬礼上职业诵经人祈祷的内容被称作 placebo，是拉丁语"我心欢喜"的意思，后用于称谄媚或吹牛拍马的人，再后来在临床医学中为一种无药理作用的口服剂命名，称"安慰剂"。

有人把整部医学史说成是安慰剂的历史，此说虽偏激，却说出一个骇人的重大事实，那就是直到工业革命很久之后的 19 世纪末，以西医为首的世界医学界，无论临床用药还是五花八门的治疗方法虽然美其名曰实证科学，可实际上都缺乏足够数据证实其真正有效。药典上记载的大部分内容，包括在把病人分为服药和不服药的对照试验中证实疗效确凿的那些药，都只配被称为安慰剂（placebo）。

安慰剂又称"伪药"，通常由淀粉、葡萄糖等惰性物质装入药用胶囊做成。从理论上说，伪药应无任何治疗作用和毒副作用。奇怪的是，在临床研究中发现，患者中约有 1/4 的人会声称这些"伪药"对他们的症状有明显疗效。当然是在这些人不知道自己服用的实际上是安慰剂的前提下。这种安慰剂效应的机理是什么？是生命本质还是设计实验时造成的错觉？多年来生物学、药理学、心理学的专家们争论不休。不过对其真实存在却没人怀疑。自1955年比彻尔（Henry K. Beecher）博士报告了安慰剂效应之后，各国政府监管部门开始要求所有新药必须经过双盲安慰剂测试。这种方法把病人分为服用"伪药"和"真药"两组，所谓"双盲"是为避免任何对疗效评价的影响，对医生和服用者均隐瞒药物的真伪。到最后统计时再让真相大白。这种方法希望将安慰剂效应从真实药理作用中减去，可是在某些严格执行的测试中，还是有超过50%的病人对安慰剂显示有效。

更极端的例子是报道过的一组手术治疗胸痛病例。外科医生给某些病人做动脉手术，而将另外一些病人除了做胸部皮下切开不做任何处理，结果只做皮下切开病人的胸痛缓解率反而较高。如此看来，安慰剂效应对医学史上所有声称有效的治疗手段都提出严重质疑。科学家们最新成果更显示安慰剂并不只通过心理暗示或条件反射起作用，而是让人的内分泌系统发生实质性变化，比如脑组织分泌的吗啡样物质会显著增多。

应该指出的是，安慰剂效应是一种不稳定状态，随疾病性质、病人人格以及医生言行、医疗环境等因素变化。这就不难理解为什么安慰剂效应会较容易发生在那些渴望治疗而又相信医生的患者身上以及为什么医疗骗术总是大有市场。

这还涉及精神医学和心理治疗中最受批评和质疑的那些问题，即无法厘清真正的疗效与安慰剂的作用。心理治疗中，同一个病人接受不同的治疗方式，不同病人接受同一种治疗方式以及不同心理师治疗相同或不同病人的结果可能只是大同小异。有报道称，在为期 8 周的时间里以不同方式治疗不同病人，最后的结果是都有效，但各分组之间没有显著差异。难怪有人说精神科医生的任务就是说服病人相信某种治疗有效。

大谈安慰剂效应当然不是让人对所有医疗措施丧失信心，而是期望提醒：精巧的人类结构在安慰剂名下默默提供另外的可能。生病时多一种选择和心情总不是坏事。

天晓得，也许知道或不知道这个隐藏在医学深处的秘密——安慰剂或安慰剂效应，会在某个时刻突然变得至关重要或者导致不同后果呢！

2007 年 7 月 25 日

未婚先孕守则

有发行量巨大且读者多是中学生的刊物约稿，找到刘索拉头上，她说要写就写篇文章劝女中学生早恋晚婚，还说婚恋大学问，不早开始晚结束时间哪够？编辑笑问，要是未婚先孕呢？本来没我事，我偏搭腔说，不怕不怕，我愿在后面给补个未婚先孕守则。

说了就做，以下是守则全文。

未婚少女确有理由怀疑自己受孕者，请遵从以下守则：

一、弄清真相

到药房买测孕棒或早孕试纸是弄清真相的不错选择。请花 10 元以上人民币购买正规产品。

不要害怕遭店员冷眼，实在不好意思可找人代买。

当尿液中绒毛膜促性激素达到一定含量时早孕试纸呈阳性反应。这种激素在孕后 10—14 天开始分泌，两个月后出现高峰，所以测试不能太早进行。不过即使时间正确，这种检查也不是万无一失，为防止并非罕见的假阴性或假阳性，请多次检查对照。

拿不准就要毫不犹豫地去找医生。别以为自己不会弄错。早年我当临床医生时曾遇到一个17岁女孩，因停经一个月而怀疑自己怀孕，我给她做了各项检查后告诉她未怀孕，可她大哭不信。我在答应保密后详询细节，原来她并未有真正性行为，只与恋人同榻而眠后就极度紧张而导致停经。当然身处今日信息开放时代之少女已经没人如此无知，但由非专业人士判断是否早孕难免出差错，无论是搞成不是或者不是搞成是，日子都不好过。此时你会深切体会到无论人力、物力还是心力，还是找专业医生划算。

负责任地说，能替人保密且正确发现真相的专业人员如当年我者，大有人在。

二、告诉别人

在确定真相前可谁都不告诉，可一旦确定，最好不要一个人面对。

所有数据都表明，少女未婚先孕的发生比例在各国家地区和各民族人种中都呈逐年上升趋势。国内调查显示，2亿多15—22岁的青少年中至少超过一半发生过婚前性行为，全国各大医院统计的流产总数也支持这个结果，其中有超过一半是未婚流产。这说明未婚先孕虽然不算好事，但在现代社会里充其量是少不更事者常犯的错误，所以你或任何人都不必把说出真相视为世界末日。

当然，问题是告诉谁好。

告诉"他"不是不可以，但未成年男性在婚恋问题上大多比同龄女性幼稚，所以不能对"他"期望过高。如果"他"是成年人则更要小心，因为他已明显触犯法律，没人知道为逃避法律制裁他会做出什么。

告诉父母是好办法。虽然你要忍耐他们的情绪激动甚至歇斯底里，可你会发现在你接下来面对所有难题时，他们是最好的帮手。因为你不可能在别人身上找到比这些为人父母者更强烈的本能，那就是保护和帮助自己的孩子。你看，接下来的问题简直像专门为他们设计的，那就是——

三、尽早决定要不要生下孩子

抛开经济和宗教因素，要不要孩子在世俗伦理上没有对错。但从临床角度看，少女妊娠和生育无疑会有严重问题，生殖系统受损甚至永久残疾的几率都较正常年龄显著增加，尤其对未满16岁或年龄更低的生育者来说。

有幸和父母谈论这个问题的人请一定认真倾听，因为没人能比他们提供更适合你的答案。无法与可信任的长辈谈论这个问题的人可找其他人谈，甚至到互联网上去征求意见也很可取，别看是陌生人，真能给你许多聪明中肯的意见。

尽管你未成年，但要牢牢记住，这个将要生下来的孩子不再是父母的，而是你的；抚养他的也不再是你父母，而是你本人。你要是对自己父母满意，就问问自己能否做到像父母对你一样对待这个孩子；要是不满意，也想想自己能否比他们做得更好，两者都肯定才能考虑生下孩子。另外需要明确的还有，生下这种孩子并不触犯法律。如果你决定做人工流产，则更请牢记：一定去正规医院，而不是找江湖医生。正规医院里手术安全可靠，通常只需300—500元，医生大多不会要求家长签字，更不会要求你出示结婚证件。

要尽量在妊娠三个月之前实行终止早孕手术，此后的中期终止妊娠术风险和痛苦都会成倍增加。但也不需过度担心，万一错过最好时机，对合格医生和发达的现代科技来说这仍是小菜一碟。只要不落在江湖医生手里，你年轻旺盛的生命力一般不会在这种时候背叛你。

如果你真生下了孩子又觉得自己无力抚养，可以请求社会机构帮助，甚至在互联网上也有为数不少的类似组织和个人。千万不要遗弃孩子，更不能直接杀死他（她），这会使你陷入道德困境，面临严重心理危机以及更严重的法律问题。

四、避免重蹈覆辙

许多专家认为，未婚先孕虽然不是世界末日，但对未成年人的生理、心理伤害等于一次中等严重的交通事故。车祸难避免，但重蹈覆辙除了运气太差就只有两种可能：一是智商有严重问题；二是根本不想好好活，也叫找死。前者因多是先天疾患基本无药可救，后者则要看心理科或精神病科医生。

请注意，本守则只适用未成年之初次未婚先孕者，如能一一照此办理，当事人一定会发现自己已安然渡过危机。

安全套的前世今生

话说我姐的儿子，当然也就是我外甥，三年前胜利考上英国剑桥大学。全家人喜上眉梢、喜从天降、欢天喜地、喜不自胜、大喜过望……均略过不表；也不说我那外甥打点行装，飞越千山万水，降落英伦三岛，如何穿伦敦、过康河，终于来到剑桥小镇；也不说他在这个出过七八十位诺贝尔奖得主的古老校园里看见什么听见什么；单说他进入新生宿舍第一眼看到床上一堆小册子，分门别类告诉新生一切有关起居作息的规定和建议，比如你应该上哪儿洗衣服、自行车停哪儿、怎么办饭卡，等等。话说我外甥正在感叹剑桥人的刻板和周到果然名不虚传时，发现小册子的最底层还有一个印刷特别精美的小纸包，定睛看去，这竟然是一包安全套，并附有详细的使用说明。

世人眼里英国一向传统保守，近年来也被过度性开放等问题困扰。他们对年轻人这方面的教育很有层次。从中学开始，他们就告诉孩子：第一，做处男处女很酷；第二，细说未成年人的性爱如何因

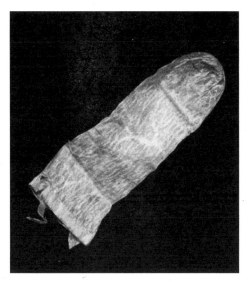

最古老安全套之一

生理、心理不成熟而不能像成年人那样有完整的快乐；第三，也就是最重要的部分，要是真忍不住一定要试，那就请一定使用安全套！

目前人类最早使用的安全套也是在英国发现的，据称已有370年历史。其中一枚是20世纪80年代中期在英格兰中部达德利城堡的一次挖掘工作中发现的，这种安全套用鱼鳔或动物的小肠做成，一头用丝线密密缝住，另一头有线绳可以收紧，使用前要用温热牛奶隔夜浸泡。历史学家相信，这枚安全套已经用过，而且可能不止一次。

安全套顾名思义是为了性交安全，安全的第一要义是不怀孕。所以在中国大力推行计划生育的年代，安全套开始大行其道。记得那时我刚当临床医生，门诊部一位圆脸的妇科医生很有创意。因为妇产科兼管计划生育工作，安全套不叫安全套，而叫避孕套。为了完成发放任务，她把几只吹气鼓胀的避孕套像气球一样挂起来，吸引了很多孩子，结果是孩子拉着妈妈来领避孕套。后来领导批评她异想天开，对计划生育工作态度不严肃。不这样搞的结果不仅是工作成绩马上下降，我们这些寂寞的军队门诊医生也少了许多工作中的乐趣。那时还不知道艾滋病为何物，更没想到当艾滋病肆虐全球的时候，安全套作为预防艾滋病的有力手段再次风靡世界。

不过安全套在中国命运多舛，即使社会开放多年的今天，笼罩在安全套头上的原罪仍然刺目锥心。前几年有关部门规定在沐浴场所摆放安全套的措施还引起了许多人尤其是未成年人家长的强烈反对。一些机构在每年艾滋病日举行的类似"安全套进校园"的活动也常常会受到学校或充满卫道精神的人士的反对，他们唯一的理由是"有伤风化"。

国内外的研究统计都清楚地表明：提供和增加使用安全套完全不会增加青少年的性行为。美国性知识和教育委员会提供的一份不断更新的报告《关于乳胶安全套（避孕套）的事实真相》，是我目前见到的最有说服力和最客观地评价安全套保护作用的文章。报告说：性交时使用安全套比不用安全套要安全 1 万倍。如果正确使用，安全套预防怀孕有效率是 98%；如果结合使用杀菌剂，安全套降低性病传播危险的有效率高达 99.9%。

当然，使用安全套也有失败的时候，但那多与没能正确使用有关。所以，我很愿意在这里重申专家们列出的正确使用安全套的要点，内容如下：

1. 每次性交时都必须使用，而不是有时用有时不用。

2. 性交全程都要使用，而不是半截开始或者提前结束。

3. 安全套是有大小号码的，要耐心选择适合的。

4. 在阴茎接触到阴道、肛门或口腔之前，阴茎一勃起，就要戴上安全套。（一只手）捏住安全套的顶部，（另一只手）把安全套戴在勃起的阴茎上；安全套的顶部应该留有空间，还要确保安全套顶部没有残留的空气。射精后立即抽出安全套，同时，在阴茎根部捏紧安全套，防止安全套滑下来。

5. 只使用水剂润滑，不使用油剂如凡士林，因为它们容易导致安全套破裂。

6. 使用正规厂家的合格产品。注意，安全套和食品药品一样是有有效期的。

7. 记住，所有安全套都是一次性的！所以要每次更换。

8. 最后，一个好消息是，国产安全套是全世界质量最好的，许多发达国家都从中国进口安全套呢。

上篇《未婚先孕守则》是献给所有我亲爱的女孩子们，这篇《安全套的前世今生》就献给所有我亲爱的男孩子们吧。

2007 年 8 月 22 日

你我都有病？

据报载，某女粉丝狂追刘德华13年，父母倾家荡产，好容易见上刘德华一面，不仅不满足，思想行为反而变本加厉，尤其老父亲跳海自杀后舆论一片哗然，为该不该追星、错在女粉丝还是刘德华而争论不休。但是很少有人想到，这女孩精神也许有问题，她的第一需要也许是来自精神病医生的帮助。

这是一条过气的娱乐新闻，重提此事是因为今天从网上看到一条消息：在中国这个世界精神病大国中，精神病人的未治率是90%！专家估计都市中25％的人也就是每4个人中就有1个有显性或隐性心理障碍。世界卫生组织的调查数据估计，在北京、上海等大城市，抑郁症发病率高达4%—8%。全国各类精神障碍的患者超过8300万人，以精神分裂症为代表的重度精神疾病患者达1600万人以上。精神病给人带来的巨大痛苦一点也不亚于任何躯体疾病，而给家人和社会带来的影响却远远超过。国人对精神病的了解不足且有许多误解。所以在已被大大缩小的患病人数中只有不到一成的人选择求助医生。而在这 1/10 来看病的人中间有一多半已经太晚，非常遗憾地错过了最好的治疗时机。

其实，现代医疗虽然还不能完全治愈精神病，但控制精神病却不困难。新闻中狂追刘德华的女孩如果肯去看精神病医生，应该会大有帮助。而且我怀疑她老父亲的悲剧也与疾病有关，因为多数精神病都有遗传倾向，如精神分裂症现在完全被认为是遗传病。

当然最难的是劝人去看医生。先不说家人和本人愿不愿意去，只说凭报上一条消息就怀疑人家有病，还一本正经劝人家去看病的人（比如我）有多讨厌、多站着说话不腰痛就行了。可我家姐姐最近就办了这么一件难事：我小姨的儿子，也就是我们的表弟，一直被怀疑精神有问题，不仅老觉得有人害他，最近更发展到对我小姨动辄打骂。可我小姨宁肯自己躲到别人家里，也不愿把儿子送去检查。我姐愣是不辞辛苦，顶着压力，不怕人家讨厌，克服千难万险，尤其是在精神病院专门接诊精神病人的部门已经撤销的情况下把病人送了进去。除了她有一颗仁慈爱心，更重要的是她虽然不是专家，可对精神病有非常正确的理解。实际上二者缺一不可，比如我，虽然对精神病有正确理解，可自问仁慈爱心远不及她，所以没能像她那样把理论联系到实际中去。话说我小姨的儿子在医院里很快得到诊断和治疗，病情大有好转。但是事情却远远没有结束。疼爱儿子的我小姨，不顾医生反对，很快把儿子接回家，又不能坚持服药，所以我表弟的病情很快复发，前几天听说又把我小姨赶出了家门。而我姐又开始新一轮艰苦卓绝的工作。

必须承认的是，医学对精神疾病的研究还停留在非常不尽如人意的阶段。对这类疾病的发病机理还无法明确，所以诊断到今天也只能靠临床经验。但是，我们应该看到，精神病的治疗早已走出了野蛮和极端疗法的时代，尤其是近年来精神药物研制取得巨大进展，在有资格的医生的监护下，大多数精神疾病，包括精神分裂等严重精神疾病都是可以控制和好转的。

还有一事要提，"文革"中曾涌现许多不可理喻的人，而我遇见这种人的几率似乎特别高，难受苦闷中，一个朋友一句调侃的话让我豁然开朗，他说："嗐，别想不开，谁都有精神病，就看什么时候发了。"如今回想，这句话越发显得睿智且具有无可置疑的平等博爱精神。至少我们完全没有理由歧视精神病人，在这个被疯狂污染的世界上，谁得病、得什么病都有可能。再说明白点吧，我们今日关心精神病人、不歧视精神病人是为了在不确定的将来当我们自己深陷心理或精神问题时，也能得到相同的对待。

2007 年 9 月 4 日

一本书和一个关于手淫者的白日梦

我早年人生角色中最富理想色彩之一的是当部队门诊医生。每日精神抖擞地为闹嚷嚷的机关干部、战士和家属看感冒、咳嗽、发烧、拉肚子之类的病，内心济世救人的神圣感从未因治好的全是好治的常见病、多发病而有过丝毫减弱。

一天一个年轻战士推门而入，一脸惶惑地要找男医生看病。碰巧男的都不在，他转头要走。要知道那年月战士请假看病挺不容易，不让任何一个病人延误治疗则是我的天职，所以我当机立断叫住他并坚决把他带到我的诊室。军队里讲究下级服从上级，我们军医大小是干部，怎么说都是他上级，连哄带吓几句话我就问出个大概，原来这战士手淫！说来惭愧，虽然行医多年，但我那时对这事既没见识也没常识。不记得我说了些什么，只记得那战士在我手忙脚乱束手无策时眼睛里的羞愧和失望。当我东查西找、请教专家，终于具备回答问题的基本资格时，却听说那战士已复员回家多时。粗暴侵犯别人隐私，自己却方寸大乱无所作为，成为我多年来的一块大心病。

在古希腊和罗马，手淫只引起嘲笑和困窘，但没有医学意义。认为手淫是罪恶的是中世纪那些基督教神学家，估计和搞宗教裁判所的是一拨儿。据说到1712年，一个擅长医疗色情文学的英国庸医出版了一本小册子，声称有人发现了治疗手淫的药物。日后人们公认正是这个鼓动买药的骗局原创了手淫是疾病的概念。不过将手淫视为病态的解释及有关术语也出现在18世纪那些伟大的百科全书中。与此同时，医学界关于手淫引起疾病的清单越来越长，包括肺结核、癫痫、阳痿、不孕不育、各种精神病甚至不明原因的早死。至今人们仍然不能解释，为什么并无基本的医学观测、理论发现甚至任何像样的假说，手淫在医学史上就被看得如此危险。有人总结出启蒙时代对手淫负面认识的三个原因，也许能提供某些线索。第一，无论手淫是否在群体中发生或由邪恶仆人教唆儿童，其高潮来临却总是绝对私密。第二，手淫的性对象不是血肉之躯，而是幻象。第三，难以节制。也就是说，每个男人、女人甚至儿童都可以像罗马皇帝那样无限满足对快感的要求，而且完全免费。而私密、虚幻和免费纵欲，正是崇尚理性的启蒙大师们最深恶痛绝并极力反对的。相比之下，伟大时代和伟大思想造就的谬误原来可以更加源远流长……

对重视传宗接代的中国人来说，精液是男性生命中最宝贵的东西，除生育目的绝不能轻易耗费。对所有行为、思想以及文学和戏剧的最严厉的指控都可归结到是否导致男性的遗精或手淫。在养生观念下，披着医学外衣的手淫后果更被严重夸大。更不要说近现代以来东方革命思潮挟持下的禁欲倾向，手淫更被蒙上多重意识形态阴影。

以上这些说法大部分来自托马斯·拉科尔所著的《手淫文化史》，小部分来自我阅读此书后的感慨。作者以加州大学伯克利分校历史系教授的身份，用医学史、文化史、心理学、神学、文学等诸学科知识，底气十足地将手淫历史洋洋洒洒地写成一部文化发展史。在我看来，其中最有价值的是不仅散发充分自由精神，而且得出基于最新科研成果的有关手淫是否有害健康的结论：坦然而愉快的手淫绝对无害于健康，甚至在许多情况下对健康有益。现代社会男女婚龄通常比古代大大推迟，他们在自己一生中性欲最强烈、性能力最旺盛时偏偏没有性满足机会。在此情境下要他们遵守"不发生婚前性行为"的道德戒律，手淫显得尤其必要且有益。如果一定要说手淫会给人身心带来危害，那这种危害只来自手淫者自身的观念，也就是说当他（或她）相信手淫会危害健康或者是一件不体面的事情的时候。

拉科尔竟然用新经济发问，他说："手淫的原理和导致新经济现实的原理在想象、个人欲望、奢侈和不节制方面惊人地相似。但为什么人们对前者总是严厉警告而对后者高度赞扬？"他还断言："艺术制作从浅显的意义上说就是手淫。"此问此说能在多大范围和程度上深得人心，恐怕怎么估计都不过分。

我因落下大块心病，偶尔会在白日梦中想象与那个战士重回当年的门诊部。我不仅能极有分寸地回答他的所有问题，还能做到谈笑风生。我老想象在他所有关于手淫的焦虑缓解之后，他还会再问我这样一个问题："手淫无论多少都不影响健康吗？"要真这样，我准备像黑白老电影里部队首长那样亲切拍拍他的肩膀并爽朗说道：

"你想过没有，吃饭吃多了都会影响健康啊！哈哈哈……"

纠正手淫偏见的科学家中那个有名的弗洛伊德算较早并重要的一个，他说手淫是"个体发生的一部分，经历手淫，依赖手淫，我们才能走向性成熟……"最新数据表明，手淫在儿童期很常见，3—6岁是幼儿手淫发生率最高的时期。健康的成年男女有手淫史的占90％以上。谢天谢地，我难道不应该开辟治疗自己心病的新思路吗？其实我内心早已相信，当年那名战士不需依赖任何人或者统计数据，更不用等什么人写一本《手淫文化史》出来，他只需依赖自然、履行成长就能渡过危机。

怪不得在我的白日梦里他早已结婚生子、儿孙满堂。

2007 年 10 月 17 日

有关维生素的真相

我有一位朋友中年得女，他那漂亮女儿从出生起就是全家人的掌上明珠，长到七八岁，忽然发现小姑娘身材不再长高，奔走各大医院的诊断结果令人震惊，竟然是维生素 A、维生素 D 中毒！

1912 年，一位波兰生物化学家发现可以有效治疗雀盲症的物质，他首先称这种物质为"维生素"（Vitamin，旧译维他命）。时至今日，被发现的维生素已经有几十种，一般分为水溶性和脂溶性两大类。维生素是一种人体需要的微量有机元素，由于大部分不能被身体合成或者合成不足，所以必须从食物中补充。现已知道维生素缺乏会引起人体的多种疾病，比如雀盲症就是在海上航行的水手因为长期吃不到新鲜蔬菜和水果，缺乏维生素 A 而得的病。

不过，自从维生素被发现和被用于治疗疾病以来，另一个严重的问题出现了，那就是常常被人们忽略的维生素过量问题。我那朋友的妻子就是因为没有科学常识而又爱女心切，让漂亮女儿服用了过多的鱼肝油，鱼肝油中主要成分维生素 D 和维生素 A 过量引起了骨骺过早愈合，也就是下肢长骨停止发育。我至今忘不了那个面目姣好的女孩儿得病后脸上羞怯的表情。无论冬夏，为了不让人注意女儿过短的双腿，母亲老给她穿一件从肩膀挂下来的没有腰身的长裙。听说她后来被送去学画，好强虚荣的母亲竟然希望她将来以尽量少站起来的方式生活。我那朋友最后还是带着女儿和妻子离了婚，我猜测一定和这起维生素过量事件有关。

其实，人体每天所需的维生素仅几毫克或几微克，对能得到一日三餐的正常人来说，额外补充维生素几乎是不必要的。不仅如此，所有已知种类的维生素长期过量服用都对人体有害。为了避免商家对消费者的误导，欧盟国家要求所有维生素产品在销售时必须注明"维生素不能代替均衡健康的饮食，服用过量会对人体健康有害"的字样。

为了测试你对有关维生素的真相了解多少，请试着回答以下五个问题：

1. 维生素药丸可以代替正常饮食吗？

2. 药瓶上写着天然品的维生素制剂比人工合成的好吗？

3. 维生素 C 可以治疗或预防感冒吗？

4. 服用维生素最好的时间是每日清晨吗？

5. 一周来饮食不周可能发生维生素缺乏吗？

所有这些问题的正确答案都是"否"，你答对了几题？4 题就是 4 分，5 题就是 5 分，希望你及格了。

对这些问题的解释如下：

1. 维生素不能产生能量，所以不能代替食物。正确答案反而是正常均衡的饮食可以代替维生素丸。

2. 即使是从天然品中提取的维生素制剂，和人工合成的也没有什么不同。

3. 维生素 C 或许可减轻感冒症状或缩短感冒时间，但不能预防和治疗感冒。

4. 每日晚餐后服用维生素最好。

5. 数月或数年的摄入不足才可能引起维生素缺乏。

还有一些有关维生素的事实你应该知道：

1. 10 支香烟可破坏 25—100 毫克的维生素 C。

2. 含有合成维生素 D 的牛奶会夺取人体中的镁。

3. 住在充满污烟的都市的人比住在乡下的人获取维生素 D 的量要少。因为空气中的烟把太阳的紫外线挡住了。

4. 避孕药有阻碍人体吸收维生素 B_6、B_{12}、叶酸及维生素 C 的副作用。

5. 使用阿司匹林会令维生素 C 的流失量比正常流失量增加 3 倍。

6. 每天吃一根胡萝卜不仅有助于预防动脉壁上形成粥样硬化斑，防止因动脉硬化而引起心脏病，还可以从 β 胡萝卜素中得到大概 11000 个单位的维生素 A。

7. 最后一个关于维生素的事实是，由于维生素涨价，今日（2007 年 10 月 31 日）各大财经网站实力机构荐股精选中，数家生产维生素的化工药物企业榜上有名。

好了，知道这些有关维生素的真相，你也达到专家水平了。

2007 年 10 月 31 日

教人说"不"

老同学来电请吃饭，我问：有事？她说：没事没事，好久不见了，想见见。我说好。结果去了还是如我所料，不光吃饭，还是有事。

她丈夫患尿毒症需要换肾，等候多时没有肾源，近日医生说不能再等，让他们考虑亲属之间活体移植。检查下来，她儿子符合手术要求。28 岁的儿子听说能救老爸，义无反顾，但 58 岁的老爸坚决不同意。想必她在儿子和丈夫之间犯了天大的难，否则她不会将这天大的难题转移给我，还盯着我眼睛问：你当过医生，你说咋办？

器官移植已有半个世纪的历史，作为社会文明和医学进步的成果拯救了许多原来注定无法活命的人。问题是随着技术日臻成熟，可供移植的器官越来越不能满足需要。为了找出路，近年活体器官移植大行其道。顾名思义，活体器官移植是提供器官的是健康活人而不是死人。这种手术多在有血缘关系的亲属之间展开，由于配型完全、缺血时间短、手术可以择期等优点，其成功率明显高于非活体器官移植。目前能开展活体移植手术的器官有肾、肝、肺、胰腺、小肠。其中肾移植手术最成熟、开展最多，肝移植次之，肺和胰腺移植开展较少，而小肠移植仍在实验之中。

越来越多的人选择捐献器官来拯救亲友甚至陌生人。从 2004 年起，美国等发达国家活体器官捐献已经超过死者捐献的数量。但活体器官移植最大的问题恰恰是因为提供器官的是健康人，这使手术面临双倍风险。资料显示，活体供肝者死亡风险为 0.2%—1%，还有 10%—30% 的供者可能发生高血压、蛋白尿、切口疝、肠梗阻等术后并发症。活体供肾死亡风险为 0.03%。2005 年全世界活体捐肝者有 17 例术后死亡，美国有 11 例活体供肾者术后死亡。专家说，1% 的活体供肾者 10—20 年后可能出现肾功能衰竭，受捐者 10 年后则有一半人肾功能衰竭。不仅如此，术后引发的道德伦理问题也往往难以预料。根据日本的一项调查，十数名活体供肾者在术后几年中都产生了程度不同的不满情绪，因为"家人把主要精力都放在病人身上，感觉自己被忽视"。虽然理论上说他们还是"健康的"，但心理上总觉受过创伤。

中国开展活体器官移植较晚，但近年来亲属间的活体器官移植逐渐增多。2003 年前，我国肾移植中来自亲属活体捐献的仅占 1%，去年已超过 10%。而在全国施行的近 300 例活体肝移植手术中，亲属捐赠的占 80%。有业内专家已经忧心忡忡地提出，必须注意个别医生为引导亲属活体捐献，过度强调其好处而没有充分告知风险的倾向。想起报上曾经登过一则消息，年轻父母听从医生劝告再次生育，指望用次子的造血干细胞挽救已患白血病的长子的生命，结果孩子生下来不久就发现其也是白血病患者，……先不说为了挽救生命再造一个生命是否有犯后者人权，面对如此悲惨结果，心痛的应该不仅仅是父母，当初教他们用此办法的专业人员更应心中有愧。我认为他们至少犯了过度强调好处和未充分告知风险的医者大忌。

医生不是上帝，他们往往不能提供万全之策，尤其是面对活体器官移植如此复杂的、不仅关乎医疗技术更关乎伦理道德的大问题。比如面对我同学的境况，我相信任何人都无法在她28岁的健康儿子和58岁的仍处壮年的丈夫之间做出选择。但是作为专业工作者，医生却有义务对每一个面对这种艰难选择的人尽最大可能地告知全面风险。

我当然对那些甘愿冒险捐出自己的器官挽救亲友甚至陌生人生命的人怀有最崇高的敬意，这是人类最美好精神的一部分。但当我得知在一些医院里，对那些面临"应该把器官捐献给亲人或朋友"，但又对手术风险及此后产生的一系列问题无法释怀并最终想放弃的人，只要他们把想法告诉医生并寻求帮助，那些负责器官移植的专业工作者通常会配合，他们会给出一个合理的医学理由来让这个人体面地退出，我对这些专业工作者真的怀有同样崇高的敬意！

饭吃完，我同学至少知道了两件事：第一，她有权利说"不"；第二，医生应该帮她把这个"不"字说出口。

晚上回家想起这回教人说"不"，觉得至少没白吃人家饭。

2007年11月19日

枕头多好算好？

年前与三两好友结伴去柬埔寨，机场出发时发现两位男士箱子巨大。柬埔寨是热带国家，对男性来说短衣短裤足以。身为中国男性，又非时尚达人，此次行程不过五六天，何必带偌大行囊？实在抵不住好奇心，询问之下才知囊中神秘物不是别的，只是枕头。两位男士不约而同地表示，出门诸事可以忍耐，唯独要带自家枕头。由此想起一段往事，我年轻时下乡插队，衣食住行诸事不易。难得清闲时畅想未来，有人希望好工作，有人希望好家庭，还有人希望好朋友，轮到我时我说希望有个好枕头。记得当时没人接话，大家面面相觑，颇不以为然。半个世纪过去，好枕头早已到手，没想到今日又遇同好，感慨万分并再叹吾道不孤！

考古学家说最古老的枕头是石头，此说未免以偏概全。因为从理论上说古时候木头或任何有一定质量、体积的自然品都可做枕头。考古为何总是发现石枕不难解释，因它最难磨灭。

古人、今人均爱枕头。西汉马王堆一号墓中出土过一只华丽的枕头，面子用起绒锦、茱萸纹锦和彩绣拼成，枕芯则用天然香草填充。《红楼梦》第六十三回中说宝玉"靠着一个各色玫瑰芍药花瓣装的玉色夹纱新枕头"，和芳官一起划拳。那个醉卧芍药丛的史湘云，醉得不省人事，却还知道用帕子包了芍药花瓣枕在头下。新中国成立后，宋庆龄听说毛泽东喜在床上看书，就送了一个大鸭绒枕头给他，没想到毛泽东用不惯，摆了一阵还是换回自己原来用的荞麦皮枕头。我则难忘一位身经百战的老将军的枕头。这枕头先是听弟弟提起，当年他在武汉军旅中去拜访这位同时是上级的长辈，午睡时将军邀他同榻，他见将军用一方板正竹枕，细细竹篾精心编就，中间有孔，正不知所用何来，只见老将军置耳其中悠然入梦，睡相始终庄严且稍睡即起，虽于酷暑燠热中却气定神闲，额头无汗。吾弟感慨之余不由对这枕头肃然起敬。时光荏苒，数十年后将军重病不起，我与母亲同去医院探望。进房一眼认出弟弟口中说的那方竹枕，于林林总总冰冷的医疗器具中温润柔和，将军安枕其上，虽大限临头却稳如泰山静若处子不改本色。戎马一生历尽血雨腥风刀光剑影如将军者，有这方竹枕夜夜陪伴呵护终老，何其幸福！念及此竟潸然泪下……

人类自从直立行走，脊柱终日劳苦，只睡觉时能得休憩。偏上帝造人肩颈分明、凹凸有致，故平卧时脊柱真正放松必赖枕头之功。在我看来，古语"枕戈待旦"不仅道尽了征人辛苦，更说明一息尚存枕头不可或缺。枕头好坏、合适与否不仅关乎人类进化，更是人类进入物质时代追求舒适生活的首要目标。

枕头是否奢华要看各人品位和经济能力，但好枕头起码要符合以下三条标准：

1. 高度合理。这好掌握，伸出自己的一个拳头，大约10厘米左右。这通常是人仰卧或侧卧时脖子和肩膀之间的距离。需要注意的是枕头的形状应该中间低、四周高，为的是更好地支撑颈部。一般颈部比头部高一两横指合适。也就是说，枕头压下去后，头部一拳高，颈部一拳加一两横指高是高度合理的枕头。

2. 软硬适中。枕头软硬通常取决枕芯材料。人的头部肌肉少骨头硬，枕头柔软点好，而颈部肌肉多、空当大，则稍硬点好，但用两种材料做枕芯不大可能，所以睡前拍拍枕头，把中间弄松软、旁边弄实在是好办法。能这么办，无论宋庆龄喜欢的鸭绒还是毛泽东喜欢的荞麦皮其实都是很好的枕芯材料。适合做枕芯的还有木棉、蚕沙，听说慈禧太后喜欢用干花，而民间用茶叶、菊花、莲芯的也不错。现代枕芯用乳胶或其他人工材料定型，好处是同时兼顾了高度和软硬。

3. 透气。现代枕头如棉、麻、乳胶和其他人工材料都很注意这个。太古老的枕头，如石枕、铜枕、玉枕、瓷枕什么的都不大用了，我想就因为不透气。

中文网站里还真有个枕头网，我上去看了看，里面把枕头的功能说得天花乱坠，什么养神明目、增强记忆、活血化瘀、益寿延年等，当然不用跟人较劲非说不信，但我怀疑这里面广告成分不少。当然明知广告不信也难，比如我自己也曾花很多钱买过很贵的高科技枕头，虽然枕了并不很好，但我相信随着高科技枕头不断涌现，我从年轻时代起就想有好枕头的欲望终将失控。

一想到人一生有1/3的时间要在枕头上度过，就觉得枕头多好都不为过！

2008 年 2 月 15 日

23 和我

无聊饭局散了之后更加无聊。不耐烦中，忽翩若惊鸿宛若游龙，一个叫"23 和我"（www.23andme.com）的网站闯入眼帘。只要花 99 美元，你就能得到由网站提供的"最新个人基因服务"。这令我为之一振，要知道仅仅半年前，诺贝尔奖获得者、79 岁的"DNA 之父"詹姆斯·沃森曾获赠一张储存自己全部基因序列的光盘，这是全世界首份对外公开的个人 DNA 图谱。那时制作这样一张图谱的费用可是数万美元，甚至十几万美元！

破解人类遗传信息的基因组计划开始于 1990 年。只用了不到 13 年工夫，科学家就宣布该计划的目标全部实现，也就是说 30 亿个碱基对、大约数万个基因在人类 23 条染色体上如何排列完全弄清并绘图成功。据说这项成果如此快速圆满的取得，使许多深谙此道的科学家甚至对如何进一步利用它不知所措。反应快的是那些根本不是科学家、此前与遗传学也从无瓜葛的新经济中人。"23andme.com"的合伙创始人是 Google 合伙创始人布林的年轻太太。丈夫向太太独具慧眼创办的网站最初提供了约 230 万美元的中期债务融资后，又利用自己的影响力让 Google 于 2007 年 5 月向网站投资 390 万美元，使 "23andme.com" 不仅有钱可烧，更获得新媒体、新资本的良好形象。在瑞士达沃斯举行的 2008 年世界经济论坛上，该网站举办了颇为风光的媒体见面会。

要想得到 "23andme.com" 的个人基因服务并不复杂，注册订制后不久就会收到一个邮寄的采样工具包，用内附的棉花棒蘸一点自己的唾液，把样本寄回，4—6 周后就可上网查自己的基因图谱了。

这个图谱能告诉你的事可太多了。网站提供的"全球相似性"工具可帮你找到全世界任何角落里有可能是你亲戚的人。只要你愿意，随时可拿到这些"家族候补人"的资料，知道他们住在什么地区、长什么样、讲什么语言、爱吃什么甚至养什么宠物。不难理解，遗传学认为你与某个特定地区的人基因越相似，你的家族从那里起源的可能性就越高。你还可以通过"母系家族树形图"追溯自己远古女性祖先直至人类共同的母亲。没准你比竞选美国总统的希拉里或全世界任何统治者都更像这位世界之母。如果你和你的父亲、兄弟都会唱歌，而图画课总是不及格，别以为这是偶然，你们的遗传图谱测试会告诉你这是家族遗传特征。让你家更多人来参与，对所有图谱综合分析之后还能预测你家几代后人的大致特性。当然还有更重要的，也是科学家们投入最大精力研究的方向，那就是用你的图谱和标准图谱比对后可知道你遗传基因中有什么缺陷，比如你是不是比别人更容易秃顶、贫血，更容易得糖尿病或癌症，让你心中有数并及早预防。

好奇心大发作之下，我颇有马上订制服务的冲动。照时下汇率，

99美元不过700多元人民币。而这显然不光是钱的问题，发现自己的祖先并向其致敬可是咱中国人的本分。许多理由涌上来说服自己，有Google背景的"23和我"总不至于是光说不做的滥网站。尽管价格低廉有些可疑，但身处当今时代没点想象力岂不更加可笑？就在要抬手点击"确认"发出最后预订的当儿，一般网站里形同虚设的"风险条款"却鬼使神差地引起我的注意，"风险提示：你在这里找到的关于你自己的信息完全不能预料。它们可能导致强烈情感或潜移默化改变你的生活和世界观。它们可能给你带来麻烦，而你却无力控制或改变（比如你的父亲并不是你遗传学上的父亲，以及其他与家族血统有关的惊人事实。你的基因类型对某种疾病或状况有高于平均数的发生率等）。这些结果牵涉到社会、法律和经济"……

此条款功德无量，其陈述贴切，使我在第一时间重回现实。我忽然明白自己并不能接受家族中出现任何与现状不符的事实，也不会喜欢随便什么肤色的陌生人拿着基因图谱找上门来认亲。无论哪年哪月哪天，也无论发现自己是不为人知的皇族贵胄还是江洋大盗后人，其烦恼程度可能相差无几。而对自己更容易长脚气、生狐臭或者得更恼人的疾病的事实，洁身自好如我者当然会选择宁肯一无所知。不仅如此，网上爱国分子早已告诫过：生物基因是地球上的最后财富，非我族类者虎视眈眈，唯恐不能巧取豪夺。怪不得除了23andme.com，冰岛的DeCodeme公司也已推出985美元的测基因服务，加利福尼亚州硅谷另一家新公司Navigenics也将推出2500美元的类似服务。

按这思路，不要说自己送上门去注册订制，就算今后碰到有人神态可疑地拿个家伙什儿让你往里吐口水也得提高警惕。要知道口水即财富，随地吐痰的坏毛病则一定得改，否则一不小心就成了让国有资产流失的千古罪人！

2008 年 3 月 2 日

不敢面对的医疗真相

母女二人在京打工，母亲生病，女儿送她进医院，第一句话就跟医生说："给我们用最好的药，只要病好，花多少钱都行。"结果一天光药费就1500块钱，一周过去，母亲肺部感染得到控制，可她和女儿多年在京打工的积蓄全都用光了。听说这事，我心中难过。因为我认识这对母女，亲见她们在京打工的辛苦和平日生活的节俭。她们不是大款，为什么一进医院就说"花多少钱都行"？听说病人入院时憋喘难耐，也许是急于缓解痛苦。或者女儿要向年迈的母亲表示孝心？又或者打工者太没安全感，只好用钱铺路？甚或在她们眼里看病就是奢侈，昂贵是情理之中？

现代医学作为生物科学的分支被公认在科学诸门类中相当年轻和不完备，它太长时间没能走出自己的蒙昧期。放血、导泻、热敷和千奇百怪的药物方剂后来被证明都只起到安慰剂作用。直到1937年磺胺药用于临床，其后青霉素和抗结核药也相继问世，才真正改变了它的面貌，使其具有科学的基本特征。时至今日，能被医学分类归纳以及诊断治疗的人类疾病仍然比一般人想象的少很多。有些研究结果表明，临床上70％的疾病是按照自然过程痊愈、好转或不治的，现代医疗技术对它们的影响极其有限。还有研究者证明，10％"被治好的病"竟然是由于误诊误治，也就是歪打正着。

这当然不是说有病不上医院，而是说我们多少得知道点医疗真相。尤其是一旦生病真上医院，更得知道医生和自己该做什么，正式说法是双方的权利和义务。

美国著名医疗史作家刘易斯·托马斯（Lewis Thomas，1913—1993）曾说："当医疗主要还是一种技艺的时候，医生能够做的只是诊断、向病人解释病情并安慰他们，然后不要把那些能治疗的疾病放过去。"今天医生们能做的事情其实大致还是如此，不同的只是能治疗的疾病和治疗手段大大增加了。一种病能不能治好，首先取决于这是什么病以及就医时它已经到了什么程度。也就是说，你即使碰到了最好的医生，他们也是在这个已经划定的范围里做文章。所以，对你来说要做的是：

1. 觉得自己生病了要马上去看医生，早一天晚一天可绝不是小事。

2. 千万不能第一句话就跟医生说，给我开好药，花多少钱都行。因为医生的首要任务是拿出正确的诊断。诊断过程中医生有义务认真倾听你的讲述，为节省时间，你可以事先做个小小准备。诊断不明确最好不要开始治疗。

3. 对任何你认为昂贵的检查，你可以问医生是否必要。你有权利了解如果不做会有什么后果。

4. 诊断清楚要开始治疗时，你应该跟医生之间有个小小的讨论，因为他有义务告诉你这种治疗需要多少时间、是否有效、对人体有没有伤害、是否需要或者多长时间后复诊。

5. 一般疾病治疗一周应当有好转，如果没有，即使医生没有叮嘱，你也要尽快复诊。

6. 如果是初次诊断严重疾病，比如癌症、尿毒症或者其他少见或复杂的疾病，通常应该找第二家医院至少是第二个有资质的医生确认。因为对这些疾病的治疗不仅昂贵，而且常常对身体有伤害，一旦误诊，后患无穷。

7. 要特别警惕那些大包大揽包治百病的人，尤其面临严重疾病时，这种人十个里有十个是骗子。类似"哪里都治不好的病到我这里都治好了"的话一定是假的。

8. 任何医生都有局限性，即使是你托了许多关系好不容易找到的一个"好医生"。如果你发现他对你的病犹豫不决，甚至束手无策时，只要条件允许，你要毫不犹豫地换医生或者转院。

9. 不要轻易给医生钱，一个好医生或坏医生都不会因为钱而改变。如果你真发现某医生因为钱而改变了对你的态度和做法，那你得小心了，他的医术通常是靠不住的。不过和医生平等交流，把他们当成好朋友，尊重他们的人格和劳动，配合治疗的确是一件非常重要的事情。

10. 可以尝试偏方，但不可将其作为治疗的唯一手段。对偏方和任何民间疗法要坚持无害原则。

对目前的就医环境来说，做到以上十条很不容易，但这是基于医疗真相的常识，所以你至少要尝试这么做。

有人说不敢面对医疗真相而违背常识，一旦患病就把医生当成上帝，不仅造就庸医，更伤害自己。

此话深得我心。

2008 年 3 月 20 日

熬过快乐的日子

同学聚会，来了一位每次都不来的人。大家知道这位老兄插队回城后一直给某单位烧锅炉，加上父母多病、境遇不好，原以为他因此不愿见人，甚至曾有人猜他已贫病交加不在人世，这回不知哪个神通广大的热心人终于把他找了来。

在座的除了他似乎都小有成就。可不知谁开了个头儿，说起生活、工作中的不如意，个个比赛似的发牢骚。看大家说得热闹，他不好老沉默，就一脸诚恳地说："我现在不错了，不像你们操心受累。锅炉现在都改烧电了，我就不用老盯着加煤，不仅活儿不累，上班儿睡个觉什么的头儿也不管……"说到最后竟然笑容灿烂，"你们猜怎么着？到现在也没人来找我谈退休。可能能干到 60 岁呢。"大家听了一时语塞，都为自己的贪心不足不好意思。真所谓知足者常乐！这么多年，谁知道他是怎么熬过这些快乐日子的？

快乐很诡秘，想要的人不一定有，不想要的人不一定没有。可是快乐到底是什么？打开报纸、杂志、电视和网络，快乐的理由扑面而来。出现频率较高的多冠冕堂皇：财富智慧健康，亲情温饱宽容，探索创造冒险，信仰牺牲奉献。有些虽非主流，但也占一席之地，比如性、挥霍、懒惰、纵欲、贫穷、吃亏、通灵、死去，等等。平白直接但不太集中的有吃牛排、上太空、中彩票、有特异功能、和上帝对话，甚至得一种特殊而风雅的病，等等。要是多点耐心和勇气，更稀奇变态的选择也能找到。莎士比亚说过：世事本无对错，全凭心向往之。看人老莎，多深刻啊！

一次因治疗需要，我得服用一个时期皮质激素。虽然绝对是医生处方剂量，可我吃了药就从早到晚高兴快乐，不仅觉得天蓝草绿人顺眼，连人生的基本烦恼——生老病死都一扫而光。我一边会意这是药物副作用，一边心下吃惊，原来快乐并不像老莎说的那样仅是高贵的心智活动，它竟然可以被药物如此廉价地制造出来！怪不得药物、酒精依赖之风在全球愈演愈烈呢！

南亚小国不丹人口稀少、经济落后，但新、老两代国王一心为人民制造快乐，不将GDP而将快乐指数作为国家发展目标。听说不仅人民拥护，连西方世界的主流社会学家和经济学家们也大加赞赏。不过最近事情出了点麻烦，在国王倡导下，不丹要结束世袭五代的旺楚克王朝君主制，产生民选政府。有西方观察家报告，在这个全球快乐指数最高的国家，民众已因选举立场差异出现前所未有的社会分化。他们很担心失去国王，因为社会民主化会加剧利益斗争，快乐指数也会因此受到冲击。

关于快乐还有更吊诡的消息。据德国一家权威心理学机构最新研究统计的结果，正常心智的人在自然状态下，一天中感到快乐的时间不会超过2.5小时。这就是说一天24小时中你只有1/10多一点的时间会感到快乐。其实也不用什么德国权威机构的最新研究成果，我们中国人早就从悠久的文化经验中总结出类似的智慧，所谓人生事不如意者十之八九是也。你算算，不如意事十之八九，那如意事可不就只剩下十之一二？再说什么叫自然状态？说白了就是上帝造人时就安排好的。尽管越来越多的人口口声声说人生最重要的事情是寻找快乐，可上帝显然不这么认为，看样子他至少觉得除了找快乐之外，人生还应该有其他事情，不然他怎会这么吝啬？无论你挑中什么当你的人生的快乐理由，无论健康疾病、刻薄宽容、利他利己，是爱是情还是性，甚至是活着还是死去，反正上帝规定你每天的快乐时间只有 1/10，绝不因你的人种、出身、财富、智商、情商还有其他什么什么商而有所通融。呜呼哀哉，这世界上还有讲理的地方吗？这项研究成果还说，如果有人透支快乐，那他早晚会陷入严重的问题，因为所有透支最后都得用同等沮丧来补偿。说实话，我对这项成果有很不满意的地方，它只说了快乐不能透支，恐怕也不能预支，可它怎么不说说快乐能不能储蓄？也就是说我如果前半生都忍着不快乐，那这些快乐时间能不能叠加在我后半生里？要是这样，我觉得咱中国人还挺有希望。

2008 年 4 月 1 日

脏话人心

初次被脏话打动是下乡插队。我住的窑洞离牲口棚近，老队长管养牛，跟牛说话不开口则已，一开口全是脏话，什么龟儿子、和尚（断子绝孙的意思）、日你妈、饿死尿之类。养牛辛苦，半夜起来喂。夜深人静，牛吃草料的沙沙声伴着老队长高一声低一句的脏话，让乡村夜晚奇特而静谧。不知怎么牛死了一头，老队长守着那牛哭了一夜也骂了一夜。脏话混着哭声加上擤鼻涕吐口水，再找不出比这更有人心的悲切。上山劳动也辛苦，男男女女在一起，每每乏了饥了渴了，陕北话统称熬煎了，就有人想说脏话了。开始往往是男的先悄悄问女的这样问题："你娃说昨夜黑你在上面睐？"女人大叫一声即上去拉扯推搡，混战由此展开。通常男人一边女人一边，且笑且骂，脏话涉及所有生殖器官、猫狗畜生、爹娘子孙，兴起时还要扭作一团。闹完笑完，脸红心跳，个个人心大快。后来回城上学工作，满耳朵政治正确，尤其当了医生更是满口仁义道德，生动的乡村脏话场景在都市中渐渐褪色，再后来干脆统统去了爪哇国。

世事无常，做梦没想到我近年也加入脏话行列，且有愈演愈烈之势，猜测买车开车是缘起。记得那回有辆捷达从我右边突然超车，我吓一跳，冲口而出："真他妈臭流氓！"我妈那天还在车上，她满脸惊讶地问："你什么时候说脏话了？"问得我羞愧万分。回家反省，避重就轻推卸责任，觉得重要的不是我什么时候开始说脏话，而是既然连我都说脏话了，那就得把问题放大，认真想想人为什么会说脏话。

　　脏话意象往往和人的生物本能有关。所以窃以为当人崇拜原始本能不以为丑或脏的时候，所谓"脏话"其实不脏。是后来文明开化，伦理或宗教把人类本能贴上羞耻标签后才有了脏话一说。北大教授李零在《天下脏话是一家》的文章里说得很好："脏话的渊源，其来尚矣，邈乎难寻。……赖口口相传，虽千载之下，精神不灭，一直活在所有的活语言当中。"总结下来就是脏话没有专利，而是全人类的共同财产，这说法颇有国际主义风范。语言专家的观点更深入确凿，他们认为虽然各民族语言在表达方式上颇为不同，难分高下，但脏话够数且精彩却可作为一种语言有生命力的标志。他们最爱举例说莎士比亚不仅是戏剧大师更是脏话大师，所以他的英语世界五彩纷呈、气象万千。他的作品中处处是性暗示和粗话，最有名的《哈姆雷特》《亨利八世》和《第十二夜》中，甚至有关于女性生殖器的花样翻新的最专业脏话。用这个标准衡量，想必汉语世界和中国文学也不会落后。有女权主义者说，脏话是男权社会的产物，是男人用来侮辱女性的。在我看来此话迂腐且不够女权，至少脏话意识已经与时俱进到了21世纪的今天，女性早已摆脱被侮辱的地位。前几日报载，两妇女在航班到达某城市后不知为何光火而对骂，时间持续很久且先后巧舌如簧地转换了四种语言，让所有未下飞机者大跌眼镜。我不能想象任何男性有这等耐心和技巧。我还有些精彩的女友，多有国际经验、跨文化背景加艺术气质，如今回归故土，或才貌双全精通音韵，或古怪精灵妙笔生花，或亦庄亦谐才情不老，听这帮半老徐娘你一言我一语夹枪带棒说起脏话来，那才叫妙不可言。不仅惊为天人，想她们多年远离祖国却能时刻不忘亲近母语不改初衷，更觉难能可贵。我问她们如果和外籍老公吵架时用什么语言，她们一律回答：当然是汉语！每每看到她们嬉笑怒骂酣畅淋漓一逞口舌之快，遂疑心自己不光是因为开车日益野蛮，而且是受了她们巨大影响才最终加入脏话行列。因心生羡慕而自我暗示，因自我暗示而结下苦果……

还记得有一回我妈妈眼睛红肿，医生说是睑缘感染。我说怎么会感染呢？医生说不干净就感染了呗。我说怎么会不干净呢？言下之意是说我们的生活方式那么文明，怎么会不干净到把眼睑都感染了呢。医生怕我难缠，一句话说到底："连英国女王都不懂清洗眼睑，也会得这种感染。"我马上心服口服，因英国女王是文明优雅生活之典范。不过典范也说过脏话。1992年英国王室颇为不顺，家庭丑闻如婚外情、自杀传闻等不断被媒体曝光。女王在这年12月发表圣诞演说时承认那一年过得糟糕，用拉丁语说那一年是annus horribilis（可怕的一年）。结果由于拉丁语中的annus（年）跟英语中的anus（肛门）很接近，有媒体出来找碴儿说"annus horribilis"是女王在无损尊严的前提下所能说出的最接近脏话的话。历史上利用自己的地位发动禁止脏话的运动的大有人在，无论是意大利法西斯政府领导人墨索里尼还是俄罗斯深受爱戴的普京总统的夫人，都曾大声疾呼，不过结果都收效甚微。

我当然同意不分场合满口脏话对文明人来说是巨大耻辱，尤其是当冒犯甚至伤害到弱者的时候。报载一位老者由于不小心踩了一人的脚，那人喧嚣叫骂粗口连篇，老者震惊之下竟心脏病发作立时毙命。将心比心，如我不幸处于老者同样境地，心痛情急中也难免性命之虞。

怎么会写起关于脏话的文字来了？因为也许脏话夺命也救命。据说日本相比许多民族语言最干净，也就是说其中几乎没有合格脏话。可我以为这跟日本人自杀率高很有关系。没准缺少说脏话的体验和机会，对整个民族的人格完整真的不是一件好事！

2008 年 4 月 14 日

何时开始性教育？

父亲终于下定了决心，找到儿子说："孩子，我要和你谈谈。"儿子从电脑上不耐烦地抬起头来："晚点行吗？"父亲咬咬嘴唇，坚定地说："不行。"儿子无可奈何地说："那好，你要谈什么？"父亲红着脸，吞吞吐吐地说："我要和你谈谈……谈谈性。"听了这话，儿子回过头来充满关切地说："没问题，爸爸。你坐下，跟我说说你想知道什么？"

这是一则在网上流传很广的笑话，讥讽那些在信息时代太过落伍的父母。但是谁能回答这个并不轻松的问题：到底应该何时开始性教育？

据国内大多数专家和教育者的观点，最合适开始性教育的时间是儿童10岁前后，他们的理由是：其时正是女孩初潮和男孩初次遗精之前的一两年，这时讲述性知识对孩子来说比较自然而且必要。据说这种观点的流行，与20世纪60年代周恩来总理说过类似的话有关。根据调查，我国大中城市少女初潮的时间大多是在小学五年级，而少男初次遗精的时间是初一下半学期或者初二下半学期，两者都有提前的趋势。而中国学校开展性教育的时间大多从初中开始，也就是说，我们现时开展性教育的时间，比20世纪过于保守的理论指导还要滞后。

西方国家由于文化传统不同，对性比较开放。他们大多主张性教育应从幼儿开始，甚至说应从孩子出生就开始。理由是，越年幼的孩子对性越没有偏见和顾忌，更容易接受和性有关的概念。性教育的内容不应只是婚恋生育知识，而应包括认识身体、两性识别等更基础的内容，应从家庭开始始终伴随孩子的成长，最后与学校和社会的教育相融合。

可对于孩子来说，是从什么时候开始想了解这类问题呢？有人说，孩子都会问父母我是从哪里来的，这是孩子对性的最初好奇心，所以这是谈论性问题的最佳时机。至于那些常见的答案，比如说许多爸妈比赛，跑得快的把孩子从垃圾箱里捡来的云云，是非常愚昧和不合适的。如果笔者没有记错的话，我小时候确曾问过类似的问题，也从爸妈那里得到过类似的回答。可我那颗小小的儿童心，对此却非常满足，从早到晚都沉浸在对爸妈的极大崇拜中，因为他们跑得最快！当然也有人说我当年的快乐多半是因为我早产，可能有先天智力问题。可是无独有偶，据我所知，一个孩子放学后问他妈妈，他是从哪里来的，那位母亲一定是事前得到过正确指导，所以很负责任、很形象地向孩子简单扼要讲解了生殖过程。孩子愣住了，一头雾水地说："怎么会这样？我们同学可是说他是从山西来的。"当然，这也是一则网上笑话。我是想说明，何时开始性教育的问题实际上非常复杂，几乎不可能有正确答案。因为无论文化传统、社会环境、施教者、受教者哪一方面薄弱或者畸强，都会闹出笑话来。

虽然不可能有正确答案，但还是有客观评价标准的。多年前我们公司接待过一个从美国来的药物发明人，是个老头儿，爱穿中国布鞋、喝墨西哥龙舌兰酒、打不知哪国的花领结。那时还没有伟哥，但是听他的意思他发明的药就跟后来的伟哥似的。他说一个社会或者一个家庭的性意识是否健康，就看他们能不能像谈论吃饭似的自然从容地谈论性。虽然他这话有夸大他本人的发明之嫌，可我还是觉得他说得不错。尤其我并不认为这是属于美国人的智慧。咱中国人 2000 年前就说过：食色，性也。今天中国人谈论吃饭不仅没有障碍，反而随着消费主义盛行而大热特热，看流行媒体上谈吃的内容泛滥成灾就可知一二，可谈论性就有了太多障碍，费劲巴拉好容易来点性教育，还得讨论什么是正确的时间！怎么没人费心讨论讨论什么是开始吃饭教育的合适时间呢？

当然什么事情都不能一刀切，暂不说是否真有开始性教育的合适时间，先说说是否人人都需要性教育。

今年夏天休假，我一口气读了四本小说：余华的《兄弟》、莫言的《四十一炮》、村上春树的《海边的卡夫卡》和王朔的《看上去很美》。这是四个颇有影响力的亚洲作家（实际上是三个中国人、一个日本人），四本小说都跟商量好了似的以第一人称"我"来写未成年小男孩的故事。照我看来，无论书中主人公"我"还是藏在"我"后面的作家本人，都没能在正确的时间接受正规的性教育。要不然，就不会有那么多出奇的描写，不是对年长女人的性幻想（《海边的卡夫卡》），就是对女人屁股的偷窥欲（《兄弟》），或者是对食欲性欲的肆意混淆（《四十一炮》）。看看，没有在正确的时间接受正规的性教育的好处之一，至少是我们还有机会看到精彩的文字。当然我并不是反对对青少年适时开展性教育，我是说，你得承认凡事都可无师自通，尤其是性这等跟吃饭同是人之本性的事，尤其是对作家、艺术家这样的人来说。

2008 年 4 月 21 日

人人都爱"老大哥"

早上发现我家汽车有两个轮胎瘪了，只好去修。修车人说胎是有人故意扎的。我问：怎见得？他说路面上有东西扎，漏气都在车胎接地面的部位，一般不会两个胎一起漏，更不会都漏在侧面。我听这话有理，就回大院找管理处说。他们说好办好办，我们有24小时监控录像，调出来一看就知道有没有人干坏事。

记得离1984年还有好几年时我看过一本书叫《一九八四》，后来知道是著名反乌托邦三部曲中由英国作家乔治·奥威尔写的。书说到1984年全世界只剩下三个国家：大洋国、欧亚国和东亚国。为维持国内稳定、争夺资源，相互之间轮番战争。其中由"老大哥"统治的大洋国最牛，因为这个国家用一种神秘监视系统严密控制所有人的思想和行为……后来真到了1984年，世界并没变成那样。不过进了21世纪，先是些弄电视的人忍不住想试验人心，就照这书策划出一档电视节目叫《老大哥》，把十几个男男女女关在一幢透明屋子里明争暗斗，24小时监视录像，包括厕所、卧室里的一切隐私行为，每晚浓缩成一小时向全世界播出。电视观众人人能当"老大哥"，挑出自己不喜欢的，最后剩下谁谁就是优胜者，名利双收。《老大哥》一炮走红，不光因为游戏规则深入人心，更因跨国运营模式为全球仿效者带来了巨大收益。短短时间内，澳大利亚、美、德、法、丹麦等18个国家都出了不同版本，只要出炉就能在各自国家高居收视率榜首。后来发生了"9·11"事件，纽约世贸大楼倒了，这事就不只停留在娱乐层面，无所不在的监视系统随着反恐需要和技术普及在全世界大行其道，还在其后的反恐行动如伦敦地铁爆炸案中立下汗马功劳。随着咱大国崛起，960多万平方公里土地上也遍地开花。据说安装足够的监视系统已经成为咱们国家许多地方政府迎奥运的实际行动。

老高、老魏都是我多年好友。近来老魏忽然衣着光鲜，踌躇满志，四下里非请人吃饭不可。我去吃人家饭，不好什么闲话都不说，就说你知道吗，老高最近很发达。老魏问缘由，我说老高弄了那么多年食品安全的电脑数据模型，一直惨淡经营，最近借奥运东风，食品安全成为重中之重，中央下死命令保奥运，尤其不能让恐怖分子在食品安全上钻空子。此项内容列入各级官员绩效考核，结果当然立竿见影，各地政府阳奉阴违，纷纷出重金买他服务。最近老高的公司大幅扩张，写字楼办公室都换了，据说落地窗玻璃全露到脚面，要找老高可没原来容易，甭管手机座机，都是甜甜的女声客气地问你有什么事，不是转告就是留言……老魏听了笑，我说你不用笑，我已给老高留言说他这是发"国难财"。没想到老魏对我们所有来吃饭的人大声宣告说，老高那算什么！我可接了比他还大的政府单。众人马上停止聊闲事儿，只顾七嘴八舌地问老魏是什么项目。

老魏诗人出身，一向头脑清楚、言简意赅，三句两句外带押点小韵就说清楚了他们公司要到咱们国家主要的二线城市安装电子监控系统（听说一线城市均已胜利完工），所有公共场所都安：从机场到车站，从地铁（如果有的话）到酒店，从酒吧到饭馆，从监狱到戏院、电影院，从中心到三环，外带街道、小区、幼儿园……明令禁止装监控系统的地界儿只剩下公共澡堂子和洗手间。总之，不把一个城市弄得完全尽收眼底就是对不起人民对不起党。大家听罢，都替老魏高兴，但一时间说话的人明显减少，我估计是都替老魏算账能赚多少钱呢。其实这么大的工程不算也罢，连施工带设备，就算把贪污腐败都捎带上，老魏的利润也肯定不少。大家算了一阵，大概也没太算清楚，也不好问太仔细，就都虚着说老魏今后得多请吃饭。老魏说那当然那当然，态度比谁都诚恳。

还是回来说我那车胎的事。大院管安全的打电话跟我说，他们负责任地看了录像，可就是没看见有人扎我轮胎。为证明此言不虚，还说出最近我什么时候动的车、什么时候出院门、什么时候回来，车停哪儿、手里拿了什么东西，全一清二楚、丝毫不差。我心服口服、心有余悸地把这话告诉修车的，他却不紧不慢地说，他们就算真看见有人扎你车胎也不能告诉你啊。我问为什么。他说他们要负责任哪，除非你没交他们停车费。一句话点醒梦中人，想起每年交四位数的巨额停车费，我就又回去找大院，并把修车人的话告诉安全员。他说你要不信自己来看。我说好，我还真去。他说好，我还真等你。说是说，到现在还是没去。一是多少有点儿不愿耗那几个小时；二是要真发现不了坏人，再看见什么不该看见的，不更麻烦？但从此添了心病，每回进大院虽然并不想扎人车胎，但想到监视录像头无处不在就浑身不爽，甚至不知不觉像干坏事一样东躲西藏鬼鬼祟祟。虽然自己的车胎被扎，是受害一方，可想到人人都能像"老大哥"一样通过监视系统发现他人的不轨或不堪，心中并不怎么快乐。

奥威尔的《一九八四》中，主人公温斯顿曾在潜意识里抗拒所有对行为和思想的控制，但他最终在现实面前失败。临终时他不仅心甘情愿否定自己，还真心实意地爱上了老大哥……虽然对极权控制并不陌生，但我还是在读完这本小说时脊梁后面冷飕飕。记得那句最吓人的话是："老大哥看着你哪。"

谁能想到，奥威尔当年对极权主义的恐怖想象，如今在整个文明世界因安保和反恐需要而变成了现实。他深恶痛绝的"老大哥"手段堂而皇之地进入普通人的生活。为活命，人类真的需要心甘情愿否定自己并真心实意爱上"老大哥"吗？

2008 年 5 月 11 日

可怜别人还是可怜自己?

女孩震后失去亲人，受总理接见后备受媒体瞩目，第一个有关心理救援的故事由此展开。不管她如何哭喊抗拒，专家坚持让女孩在整整 7 个小时中反复回忆最惨痛的经历。据说如此残酷行事是为了使用"快速眼动信息再加工技术粉碎痛苦记忆"。尽管专家哀叹女孩心理障碍巨大，但仍然因她说了一句"记不清了"而对自家心理救援疗效"表示满意"（参见《北京青年报》5 月 17 日有关报道）。专家话音未落，凤凰卫视一档权威谈话节目邀请的另一位想必也很权威的专家则对此事发表了完全不同的意见。他斩钉截铁地说："这样做是错误的。"理由是："受害人这一时间正处于伤痛包扎期。"仓促之中专家并未解释"快速眼动信息再加工技术粉碎痛苦记忆"和"伤痛包扎期"之间是什么关系，也没说为何同是心理专家说话做事却这般大相径庭，更不管我们这些一直为女孩揪心的普通人听了他们的话后更揪心。

事实上，心理学的发生与发展从来是一团迷雾。对于人类精神意识的本质是什么以及怎样影响人类行为的核心问题，越伟大的心理学家越心里没底。连研究对象都模糊不清、难以界定，心理学内部当然门派林立，分裂破碎，不仅从没有过公认的基础理论，更没有规范的试验标准和评价体系。尽管不乏漂亮的统计数字和轰动一时的发明发现，但直到今天它在主流实证科学中仍然没有一席之地。

我当然不是说心理学研究没有任何成果，尤其进入现代社会，心理治疗在发达国家和人道社会蔚然成风，对世道人心产生巨大影响。但我们必须知道，心理学从西方哲学脱胎而来，带有基督教传统和文艺复兴以来西方人本主义与自由主义的文化烙印，并随消费社会和强调个人价值而风靡。近年在中国大热除了社会日益多元的因素外，更有明显的商业动机。心理诊所遍地开花，但真正有资格的执业者并不多见。就我所知，相当一部分人是原医药行业或其他行业改制中最容易被抛掉的政工或者后勤管理人员，他们在自谋生路的危机中通过可疑的培训教育拿到执业证书。这些人对心理咨询行业的自由精神和人文价值了解多少？由他们支撑的心理咨询行业是一种什么景象不难想象。

网上一位去地震灾区的志愿者说："我在那儿一共待了72个小时，其间我看到的至少就有五拨心理咨询师，来了又走，走了又来。我一讲我是做心理咨询的，他们就很抵触。有的是摄像机跟在后面：小朋友，拍一个镜头吧。有的是做团体。100多个人写下一张纸，说对自己亲人的哀思，烧掉或者是扔掉。……100多人一起做完就没下文了，这很可怕……"我相信这段文字离真实很近。连这位搞心理咨询的人自己都说很可怕，别人还能说什么？

也许灾后第一时间开始心理救援确实是社会进步，但对真正的受害者来说，这不仅没有意义，而且可能带来新的伤害。正规的心理治疗，尤其是所谓心理干预，一定要在被治疗者充分知情、同意的情况下才能开始。以"快速眼动信息再加工技术"的发明地美国的情况为例，要进行这种治疗，治疗者一定要和被治疗者事先签订"保证把被治疗者的意志放在首位"的知情同意书。实际上开展所有心理治疗和干预的前提一定是医患相互信任、关系对等，以及绝对私密。那个给女孩实施"快速眼动……"的所谓专家显然完全没有达到这些基本要求，他实际上对当事人实施了一次粗暴的权利侵犯。此外，所有有良知的专业工作者都知道，要十分警惕任何心理治疗与媒体的结合。由于这种结合违背心理治疗最基本的私密原则，因此一定是另有所图，并离骗术不远。

尽管说了那么多对心理学的不信任，尽管心理分析实际上在西方社会早已因缺乏生命力而走过繁荣期、日益式微，尽管有人因极端个人化和逃避真问题而对其提出道德责难，尽管社会对现代心理学各种似是而非的理论和成果相当宽容，却还是有人预言它在诸如生物精神病学的发展中会最终消亡，但没有人怀疑人类心理现象确实存在。平心而论，心理学概念的引入对松解我们这个曾经价值观念单一的紧张型社会功不可没，许多灾后心理重建的成功案例也在全世界鼓舞人心。我想说的只是心理救援并不神秘，虽然从道理上讲这类事情一定是专业人员做得更好，但面对现实，我还得劝大家不要听信现在那些所谓专家在媒体上说的一定该怎样、不该怎样。任何一个懂得敬畏自然、尊重他人的人，只要出于本心，都可在严重而复杂的情况下正确帮助自己和他人。前日听一位经历过唐山地震的人说：现在咋这么多爱心、这么多奉献？不过是因为咱大家都心里害怕，需要自我保护罢了……"我看这是最高超的心理分析。无论奉献多少爱心，灾难终究是灾难。山崩地裂于前，我们能做的其实非常有限。大自然的毫无心肝不是第一次、更不会是最后一次让所有人心惊胆战。今天是别人，谁知道明天会不会就是自己？让我们像可怜别人那样可怜我们自己吧。伤心时，倾诉、哭泣、拥抱一定不会错。还得千方百计让自己和别人都相信：除了时间，没有更好的疗伤办法；除了自己，没人能在别人的帮助下走出苦难。

可怜别人和可怜自己原来是一回事！

2008 年 5 月 29 日

政治鬼和风流鬼

我有个大哥，不是亲哥，只是从小认识比我年长又老照顾我，叫来叫去叫成大哥。人长大后知道不能老给别人当跟屁虫，更因为大哥当官越当越大，顾忌自然日多，亲情友情都得让路。我自觉自愿把关系定为每年问候一两次，能保持想起对方还觉得亲切就成。去年觉得无聊就没问，他竟然把电话打到家里问我为何没消息。不久忽然听到大哥死讯，震惊之余才知他病入膏肓经年，只是病情一直对外保密。算来他给我打电话时已不久于人世，只是不能确定他是否自知。对重要人物病情保密是咱这里的一贯做法，但很容易导致传闻满天飞。果然不久关于他的死因千奇百怪的说法传起来：神秘医疗事故说，自杀说，被人故意延宕治疗说，甚至纵欲猝死说等。幸好后来又都说是无稽之谈，大概跟盖棺论定他还不是个贪官有关。但生者、死者已屡受无妄煎熬。

不知大哥临终是否想起过我，反正我对没见上他最后一面耿耿于怀。不过有人劝我说天下这般死法权重位高者众。话虽不错，可我老觉得这话貌似劝人但不是好心。

有人说写喜剧有两大法宝——一是政治二是性，因为这两样在我们这儿都是禁忌，所以说此处无真正喜剧我很同意。但疾病、死亡与喜剧正好相反，最怕沾上这两样。历史已经无数次证明，一牵涉政治和性，疾病和死亡就变得身不由己、尊严尽失，原本清楚的事实也变得扑朔迷离。不说古今中外宫闱豪门中永不见天日的阴谋故事，近代政治领袖中的阿拉法特和尤先科就是明显例子。他俩倒霉都在 2004 年。被以色列囚禁的阿拉法特忽然重病被送往法国，这个人称"不死鸟"的阿拉伯世界的领袖两周后去世。尽管法国医生明确诊断他因肠炎、黄疸和弥散性血管内凝血引发剧烈中风身亡，但他被以色列人下毒或染上艾滋病的流言仍然不胫而走。是否中毒或得艾滋病其实不难排除，简单尸检就能得出确凿结论，但阿拉法特的妻子坚决拒绝，她说无论得出什么结论她丈夫的死因都会继续有各种说法。有人说这女人不可理喻，我却认为她聪明，旋涡中的政治人物可不就这下场？尤先科是在他争取当总统时出的事。一位奥地利医生单凭在电视上看到的他的容貌改变就判定他是二噁英中毒，后来经检查果然体内二噁英含量是正常值的 1000 倍。明眼人都看出尤先科和稍早前俄国叛逃特工利维年科中毒案之间有明显联系，但导致尤先科中毒的东西只有美国、英国、加拿大和俄罗斯生产。为协助调查，其他国家都提供样本，唯有俄罗斯拒绝。不要以为谁是下毒者已不言自明，因为俄国人说，就算验出尤先科体内的二噁英来自俄罗斯，仍不能排除他为夺取最高权力自导自演苦肉计。联系陈水扁选前枪击案一类事件，无直接利益者谁肯为尤先科打包票？与性和政治扯上关系的死亡事件还有很多，著名者有与肯尼迪有私情的美国影星梦露，无名者有贵州瓮安平民李树芬，后者原本寂寂无闻，投河自杀后因有被性侵犯谣传而引起群体事件，竟然被尸检三次。无怪乎杨锦麟读报时大叫："哎呀呀，切来划去，无论如何太多了……"

近看王蒙新书《不奴隶，毋宁死？》，奴才们的心灵和日常生活在他和曹雪芹笔下，难得一样的柔魅风流。写到秦可卿的病，他又老生常谈说因与政治和性扯上关系，所以不明不白。我不算红迷，但也读了几十年《红楼梦》。从开始到今天我都觉得秦可卿被曹氏写得恰到好处，如此风流人物不朦胧点、不明不白点，一眨眼不就成了下流人物？说秦可卿和政治有关也勉强，性问题最好别跟政治挂钩。其实只要不写喜剧，这两件事并不一定非放一起说。

记得我那没见上最后一面的大哥当年坚决不看《红楼梦》，却捧过一本《聊斋》。问他缘由，他有点脸红地说：这里面女的比大观园里的好看。我大惊失色，弄得他越发脸红。好长时间一想到人品端庄的他竟然喜欢风流女鬼，我就哑然失笑。可今天我忽然有些替他不值，如能重新选择做政治鬼还是风流鬼，没准他会选后者？

2008 年 7 月 17 日

呼吸机，插还是不插？

中国人最重视过春节，因为它是家人团聚的日子。要是过节有家人得重病，那可不是好事。问题是病可不管，说来就来，哪管是不是好事，哪管你过不过节。

今年春节期间，我有两个朋友都碰上家人重病，说重病可不是闹着玩的。两个病人虽然病因不同，但都发生了急性呼吸衰竭，都被送进了重症监护室。无独有偶，医生都提出要在第一时间使用呼吸机。

因为是朋友，所以他们都知道我在推广生前预嘱，都知道我们生前预嘱推广协会的宗旨是：让更多人知道，按照本人的意愿，以尽量自然和有尊严的方式离世，是对生命的珍惜和热爱。这种所谓自然和有尊严的方式，包括建议人们在临终放弃过度抢救，放弃使用生命支持系统。当然，这也包括放弃使用呼吸机。

第一个朋友大年初一打电话来，说了情况。问我说：你说我们要不要上呼吸机？要不要听大夫的？

我一听就急了。

我在电话里大声嚷嚷："这种时候呼吸机是救命的啊！大夫都说插了，你们犹豫什么啊？

朋友在电话里说：你们不是反对用呼吸机吗？

听了这话我差点崩溃，我在电话里继续嚷嚷：现在没时间跟你多说，这会儿上呼吸机可是救命的，只要大夫说了上，你们千万别犹豫。

另外一位朋友是事后当面告诉我的，说她家的病人也是过年期间在重症监护室里住着。因为发生了急性呼吸衰竭，大夫也是说要上呼吸机。

她说她一听就表示反对。

我惊问她为什么。

她竟然还是那句话：你们不是反对使用呼吸机吗？你说过，上呼吸机是一件特痛苦的事，尤其是对还有意识的人。

我一听又急了，不仅急，还出了一身冷汗。

这时候我顾不上问别的，只问病人现在怎样了。

她说那天别的人都不听她的，包括大夫。加上按照她和病人的关系，她算不上能"主事"的人，所以尽管她反对，可病人还是第一时间被插上了呼吸机，现在已经脱离危险。

听到这里，我心头一块大石头才算落了地。

春节过去，但我仍然心惊。直到现在，只要想到这两件事，我还是会出一身冷汗。幸亏事到临头，临床大夫都能力排众议，坚持做出正确的决定。幸亏没因我的所谓"反对使用呼吸机"惹出大祸，要不还不得出人命啊！不过，到底是怎么回事？难道是协会的宗旨错了，或者是我说错了？要是不弄清楚、说明白，以后是不是还得出大事啊？所以，我急急火火写下这篇文字，事情不说清楚可实在不行啊！

在挽救急、危重患者生命的时候，呼吸支持非常关键，有时还是唯一救命的手段。因为呼吸机能用增加肺通气量等手段非常有效地改善患者的呼吸功能，所以它在临床救治中早已不可缺少。虽然使用呼吸机会给病人带来痛苦和某些严重的情感心理问题，但因其能挽救生命，所以它在临床中的正确使用完全无可置疑。

生前预嘱推广协会提倡的是，在临终放弃抢救，放弃使用生命支持系统，包括使用呼吸机。这是指那些已经处在生命末期的，也就是说，按合理的医学判断，无论采取什么医疗救治手段，生命不会超过六个月的人。比如癌症晚期、阿尔茨海默病（Alzheimers disease，AD，又称老年痴呆晚期）或者各种严重退行性疾病的终末期，一旦发生心跳、呼吸骤停，使用生命支持系统（包括使用呼吸机）只能延缓病人的死亡，既无法使病人恢复应有的生命质量，也无法避免近期到来的死亡。这种建议还包括某些处在不可逆转的昏迷和持续植物状态的病人。前提都是使用呼吸机已经没有治疗作用，而只能维持无质量的生命或无限期地推迟死亡。

您也许会问，作为不懂专业、不懂临床的人来说，如何知道呼吸机已经没有治疗作用了呢？您问得很好，这种问题不仅对不是专家的人来说是难题，对于临床医生来说也是需要认真对待的，需要丰富的经验和正确的认识。但是，只要有上述三个条件的支持，这个问题并不难解决和判断。病人是否处在生命末期，是否处在不可逆转的昏迷或者是否持续植物状态，在临床上都有明确的诊断标准，合格的从业人员很难出错。至于呼吸机是否已经不能继续帮助病人恢复自主呼吸，已经没有了治疗作用，也是合格从业者不难判断的事。只要你开口问，大夫一般都会明确回答。如果不放心，你还可以再问别人。但是我们这里的大夫一般不会很主动、很开诚布公地跟病人或者家属谈论这样的问题。这是由我们共同的社会文化心理决定的。

您也许还会问，那会不会出现奇迹？如果我放弃了，就是彻底没机会了，对家人和自己是否公平？我的回答是：谁都不能否认奇迹的存在，但既然是奇迹，就一定是小概率事件，如果因为相信奇迹、相信小概率事件会出现而不放弃，坚持到底，那我认为也很可敬，家人和大夫都应该支持这样的想法和愿望。尤其这种愿望可以确定是本人意愿的时候，那不管有多少困难，大家都要尽最大努力，毫不犹豫地支持他。

我们还是回到文章开头。当病人不是处在生命末期，不是处在不可逆转的昏迷，也不是持续植物状态，而是像我两个朋友的家人那样，只是需要借助呼吸机渡过危机，当各种情况好转的时候就能脱机，能恢复健康，就请一定要听从大夫的安排，千万不能错过挽救生命的大好时机。

写下这些文字的时候，听到两位朋友的家人都在好转，恢复健康指日可待。

阿弥陀佛！我心安好。

2014 年 2 月 18 日

爱与死亡，谁战胜谁？

死亡不可避免，但是许多人喜欢说，爱能战胜死亡。说这话的文学家、艺术家、媒体人、宗教界人士居多，当然还有部分思想家、革命家、哲学家和社会国家管理者……不管说这话的目的如何，也不管由于语境不同这话会带来如何不同的结果，但我们可不可以问问，爱真能战胜死亡吗？

要讨论这个问题，最好先知道两件事。第一，在哺乳动物中，人是需要照顾时间最长的。从生下来到能生活自理，就是说不需要别人的帮助，能自行解决吃喝拉撒这些生物学基本需要的时间，人是所有哺乳动物中最长的。第二，人是哺乳动物里平均寿命最长的。这句话不需要解释。

人出生后马上需要喂养和照顾，父母和家庭是第一提供者。如果不幸无父无母也无家，那也得有个人，不管好心还是坏心，反正他得照顾你，要不你基本不能长大。当然也听说过狼或别的动物能喂养大一个新生儿，但概率太小，请忽略不计。

人的幼年和老年都比较长，这在物种进化中并不是一个有利因素。但人的进化程度这么高，靠什么呢？我要是说，第一靠爱，第二靠死，这种观点，你可能不怎么同意。

　　先说爱，这个字生发出来的文化意义非常庞杂，要是再加上旁的字，组成性爱、情爱、挚爱、仁爱、友爱、爱心……就更庞杂，超出我的能力，只好不说。我要说的"爱"，和人的动物性关系更紧密。

　　无论是什么物种，想要在进化中不被淘汰，要具备两个本能：一个是生存，一个是繁殖。没有这两个本能的物种，一定在第一时间灭绝。为什么说人类聪明呢？因为只有他们有能力在文明的推动下，把这两个本能转化成"爱"。这就不难解释，亲子、家人、朋友之间的眷恋和照顾，配偶、夫妻之间的缠绵和约定，为什么都会成为一种高贵的情感。同性之爱受到的最大诟病是它违反人性，无益传宗接代……不过这是题外话，不表。

　　生存和繁殖的目的都是延续物种、传承基因。当爱有益于保护生命时，爱自然大行其道。可是无论如何死亡最终要来，人与人之间无论怎样眷恋、缠绵或者海誓山盟，最终要在死亡面前退缩和分离。在这个意义上，爱不能战胜死亡。可是，个体的死亡对延续物种和传承基因的贡献一点也不比个体的生存小，这个结论也已不需论证，在常人中成为常识。没有死亡，怎么会有生生不息？死亡是由大自然规定的，不仅是所有生命的归宿，也是前提。科学证明，健康的基因构成，不仅饱含成长发育的信息，也得有同样充沛的衰老和死亡的表达。近期有网友在讨论大象等动物的死亡方式，认为符合自然、符合人性、符合种群延续和基因传承，我深以为然。

不仅如此，当我们回到爱和死亡到底谁战胜谁的问题时，我们不知不觉有了宽阔的视野，不非此即彼，也不剑拔弩张，爱和死亡，原本是人类生命的一体两面。它们之所以双双成为文学艺术永恒的主题，可能并不是因为谁能战胜谁，而是因为两者交替映衬，相互超越，能造成神圣终极的喜感，满足人类进化中的心智需要吧。

2014 年 4 月 1 日

大寒时节话归途

腊月本是万物沉郁的季节，尤其今年，气象物候无不迷离凌乱。今晨央视气象报告：全国大部分地区的平均气温比常年升高5℃。民间有话：大寒不寒，人畜不安。有痼疾沉疴之人，此时最难将息。一周之间，两位网络名人走上生命归途。

一位是布鞋院士李小文，地理和遥感科学专家。学术之外，小文院士出名因两大特点：一、嗜酒；二、布鞋。在我看来，两大特点非同小可，可总结为四个字：赤诚率真。率真之人对死亡安排也很率真。悼念文章透露，小文院士病重时曾安排临终时不抢救，不用生命支持系统。这可是小文院士一片赤子之心的集中写照，是率真随性之人的最高表现。但最后时刻，家人不忍，还是用了呼吸机。生命宝贵，尤其是亲人的生命有多宝贵，非丧亲者无法体会，任何人无权置喙。面对随性之人最后未能彻底随性，我却有些遗憾和自责。如果我们的工作再努力些，如果小文院士知晓了我们协会的使命——"推广生前预嘱，让更多人知道，根据本人意愿，以更自然和有尊严的方式离世是对生命的珍惜和热爱"——甚至在酒酣耳热之际欣然填写过一份《我的五个愿望》，尤其是如果他能与家人很好沟通，无论从情理还是科学的角度交代清楚临终之事，那这位一生潇洒的学界泰斗，不就能把这份随性率真贯彻始终了吗？斯人已去，唯愿先生驾鹤西归之路依旧风流。

另一位逝者是歌手姚贝娜，貌美如花，遽然离世，让无数人痛彻心扉。昏迷之前，她做出捐赠角膜的决定。父母亲朋，医生好友，齐心协力，帮她完成心愿。受捐者重见光明后更打破常规，不惜公开个人信息，面对媒体镜头表示深深敬意。在这个感人的故事中，别有深意的是最后一个情节：受捐者母亲表示要像女歌手帮助她的儿子一样，也志愿捐出自己的角膜，在需要的时候帮助别人……

这个母亲的态度，重重打入我的内心，让我想到一个从美国回来的朋友讲的故事。他们社区里有个运动神经元病人，知道自己不久于人世，就决定捐出自己所有能用的器官。他的条件只有一个，就是接受了他的器官的人，也要自己签署或者至少动员一位亲属或朋友签署一份表示自己在离世的时候愿意捐出所有能用的器官的志愿书。现在他们社区里参加这个互助计划的人，早不是直接受益者或者通过直接受益者动员的了，很多人只是听说了这个故事就跑来参加。唯一不变的是，每份志愿书上都得保持这样的字样："为了您的健康和生命，我志愿在离开这个世界的时候捐赠我的器官。我唯一的条件，是当您接受我馈赠的时候，至少动员一位您的亲属、朋友，或者是您自己，在生命无望的时候，把可用的器官留下来救助别人。请您像我一样，把这作为您馈赠的唯一条件。"

据全球器官捐献与移植观察机构的数据，全球平均器官供需比为 1∶20—1∶30，西方发达国家的捐献率普遍较高，其中，西班牙为 35.1/ 百万人，法国为 25.9/ 百万人，美国为 25.8/ 百万人，而亚洲的平均水平为 4.27/ 百万人。据卫生部的数据，中国的器官捐献率仅为 0.03/ 百万人，不到西班牙的 1/1000，仅约英国的 1/600、巴西的 1/400。

歌手姚贝娜和许许多多的先行者为我们做出了榜样，这位受捐者的母亲更为故事加上了光明的尾巴。当然，类似的器官捐赠互助计划不能光靠感恩和感动，而是需要非常成熟的文化心理、普世平等的价值观、严格的法律程序以及周密的公益管理才能不把好事办成坏事。但是，只属于人类的死亡意识和同理心，确是这种互助计划最坚实的基础。

今日大寒，祝愿生命美好，归途圆满。

2015 年 1 月 20 日

奥斯卡奖给了阿尔茨海默病

老牌明星朱利安·摩尔曾多次被奥斯卡提名最佳女演员。这回终于不只是提名，而是因在电影《依然爱丽丝》中成功扮演阿尔茨海默病患者，荣获了奥斯卡最佳女演员奖。她在获奖感言中说：我很激动，因为我们能够有希望为阿尔茨海默病带来一些关注……电影最美妙之处，是它让我们能够被世界看到，不再孤单。而得了阿尔茨海默病的人们，他们应该被世界看到。

埃罗斯·阿尔茨海默（Alois Alzheimer，1864—1915）继承了德国人善用显微镜观察细节的传统。1902 年，39 岁的他受邀到海德堡大学工作，在那里用显微镜发现了梅毒、引发亨廷顿舞蹈症等的细胞结构的变化。1907 年，他报道一位 51 岁女性老年病人——D 夫人，是此病第一次作为独立病种的研究。按当时惯例，此病以他的名字命名。

阿尔茨海默病还有个名字叫老年痴呆。但因其语义中的歧视轻慢，近来被人诟病。2010 年，由香港第一所该病综合服务中心——

赛马会耆智园举办的"痴呆症正名比赛"中，香港小学生陆子庭提交的"脑退化症"拔得头筹。

无论是自己还是他人，在得了这种病的时候被人称作老年痴呆都令人难以接受。但是一个病名真正能被使用，并不是一件容易的事，所以，如果有当事人在场，许多医生宁肯还是用更拗口的阿尔茨海默病。这是非常值得推荐的态度，显示出医者对患者应有的尊重和爱护。尽管无论叫什么，都不能改变随之而来的残酷事实。

阿尔茨海默病的发病原因至今不明，有研究认为将近七成的危险因子与遗传有关。影片中的爱丽丝就是这种类型。她的父亲有病，她的女儿安娜检验结果也是阳性。但我没闹明白的是，既然是阳性，安娜为什么还是坦然生下一对双胞胎。这风险可太大了。

影片最后，爱丽丝的女儿给她读完一段文字，问她："妈妈，这个故事是关于什么的？"尽管非常艰难，爱丽丝还是喃喃说出："是关于爱。"在我看来，这是一个太光明同时也太糟糕的鸡汤结尾。影片用这个关于爱的神话，扣住"依然爱丽丝"的主题，是要告诉我们，对爱的感受是爱丽丝"依然"是爱丽丝的标志。但事实绝非如此，因为病因不明，所以这个病其实无法治疗。病人的大脑功能不可逆转地逐渐丧失，最终会造成记忆力、判断力、时空感、注意力、语言能力的全面损伤。最后，病人生活完全不能自理并最终死亡。最令人痛苦的是，与文化和教养有关的，我们称为人格的那种东西，包括对爱的理解和感受，最后都会荡然无存。尽管大量研究认为，早期发现对缓解病情有益。近年又有零星报道，一会儿说治疗糖尿病的某种药对缓解此病有效，一会儿又说抗肿瘤的某种药有效。但其实，枝蔓丛生、语焉不详的背后，还是希望渺茫的事实。阿尔茨海默病患者经诊断后的存活期一般是 3—9 年，10 年以上存活的病人不超过 30%。比较影片的结尾，一名阿尔茨海默病患者的妻子的话更接近事实。她说："每一个阿尔茨海默病患者都用不同的方式给爱他们的人带来痛苦，而那些深受其害的人也用各自不同的方式支持下去。"这是说，最后的希望不是来自病人，而是来自他人，是在患者人格完全塌陷、爱与不爱都无以回报的时刻，那些如这位患者妻子一样的仍然能坚持下去的不离不弃。

当然，如果不幸罹患这种疾病，并不是一经诊断就万事皆休，就得永远退出正常生活。尽管会非常痛苦，甚至是震惊和愤怒，但患者还是可以做许多事，尤其是参与今后被改变了的生活中的各种决策。应该尽量和家人朋友讨论这些想法，不放弃任何与他人亲近的机会。对自己要有耐心，寻找有效的途径来提高自己的生活质量。电影中的爱丽丝利用写字条、板书、手机还有各种电脑软件来提醒自己记住那些不该被忘掉的事（尽管她最后连手机都找不到，电脑提示也不能执行），就是非常可贵的尝试。好消息来自飞快发展的电子技术。专供阿尔茨海默病患者使用的，具有定位、检测、提醒、紧急避险等功能的可佩戴移动终端已经上市。这对那些要抓住所有机会做想做的事情的病人来说，无疑是极大的帮助。还要签署必要的文件，比如"生前预嘱""财务授权书"等。要知道，这些文件在将来非常有用。它们能让别人知道什么是患者真实的心愿。还要关注和尽量使用目前的所有能力，千万不要认为自己仅仅是患者。诚恳、善良和幽默无论在什么时候都会让即使已经生病的人显得可敬和与众不同。抓紧享受仍然属于自己的生活。所有的努力都会鼓励那些没病的人，让他们在你陷入最后黑暗的时刻，仍然发出人性的光辉，照亮你的归途。

没有人知道自己是否会成为受害者。随着平均寿命的增长，这种病的发病率明显增高。据统计，65 岁的发病率是 5%，75 岁会上升到 10%—15%，到了 85 岁，发病率增长到 30%，就是说，平均 3—5 个人之中，就会有一个患者。所以，电影《依然爱丽丝》和朱利安·摩尔还是功不可没的。因为阿尔茨海默病确实因为他们的努力而被世界看到。在看到严重疾病对人的戕害和惊扰之后，在我们备感虚弱和无力的时候，让我们来念首诗吧，智利诗人聂鲁达这首《如果白昼落进……》常常能让我在慌张中找到安宁。请允许我把它献给大家，也献给我自己：

> 每个白昼
> 都要落进黑沉沉的夜
> 像有那么一口井
> 锁住了光明
>
> 必须坐在
> 黑洞洞的井口
> 要很有耐心
> 打捞掉落下去的光明

2015 年 2 月 24 日

100多岁的安乐死

（上）

三天前，澳大利亚104岁的老人大卫·古德尔在瑞士实行了安乐死，理由非常简单——活腻了。全球主流媒体包括中国媒体都报道了这一消息。一时间，关于安乐死的争论再起。

与每次一样，大部分争论都集中在安乐死是否人道或者是否应该合法化上。道德判断、个案需求、理想伸张……林林总总，不一而足。我想，也许先将问题稍稍深入，复习一下安乐死的由来和现状再进入争论不迟。

20世纪初叶，工业革命正开花结果，也许人类因此而沉迷于自身的无所不能，一股认为"适者生存"是社会进化不二法门的社会达尔文主义思潮在欧美社会各阶层中传播涌动。社会优秀人种的生存和繁殖被认为合乎伦理，而救济和慈善则违反自然。一个民族或国家是否成功，取决于它的成员有什么样的遗传或自然性状。这些说法让许多国家的大众和精英同时癫狂，让他们沉浸在"优生"和"人种改良"的迷梦中。1907 年，对精神病人及遗传病人强迫绝育的立法竟然从美国印第安纳州首先开始实施，继而扩展到其他 33 个州。瑞士、瑞典、挪威、丹麦等国家纷纷效仿。德国也在这个时候成了推行"优生政策"最彻底的国家。要是问您最先推行"安乐死"的是哪个国家，您可能会说是荷兰，但我告诉您，不对，不是荷兰，而是德国。您大概会有点吃惊，但事实确实如此。在德国纳粹党决定对犹太人、斯拉夫人和其他他们认为是劣等民族的人实行大规模种族屠杀之前，竟然已经有 5 万—7 万德国公民被所谓的安乐死计划杀死！这包括在针对残障儿童的安乐死计划中死去的 5000 多名儿童。那时候生下畸形残障儿童的德国父母，许多都会觉得耻辱，觉得会造成社会负担，愧对国家发展。

希特勒上台后，安乐死计划变本加厉。1939 年 8 月，他签署一份文件，对被确认为不可治愈的病人在确诊后准许被实施"慈悲的"死亡，目的是"保持德意志血统的纯净和节约肉类与香肠"。这份文件其实是后来臭名昭著的种族清洗的先声。据统计，希特勒在 1938—1942 年以"安乐死"名义杀死了数百万人。

如果有兴趣详细了解这段历史，建议阅读德国作家茨格·阿利所著的《累赘——第三帝国的国民净化》，光明日报出版社 2017 年出版。

您不妨猜猜看，今天最保守、最小心、最不愿意提及甚至反对安乐死的国家是哪个？您说对了，是德国。德国学者们至今讨论有关问题时还是不喜欢使用"安乐死"（euthanasia）这个词，而宁愿用"死亡契约"（Death Pact）来代替。

许多人都知道那段被刻在波士顿犹太人大屠杀纪念碑上的话，由马丁·尼莫拉牧师说出的这些句子太著名了：

> 起先他们追杀共产主义者，我不是，我不说话。接着他们追杀犹太人，我不是，我不说话。此后他们追杀工会成员，我不是，我继续不说话。再后来他们追杀天主教徒，我不是，我还是不说话。最后，他们奔我而来，再也没有人站起来为我说话了。

其实，句子中的"他们"最先追杀的并不是共产主义者，而是各种残障人士。那时候不仅没人出来说话，可能还有许多人拍手称快吧。我真想知道，如果再给马丁·尼莫拉先生一次机会，他愿不愿意把这段话的开头改成：起初他们追杀残障人，我不是，我不说话……

当纳粹政权和法西斯主义在全世界彻底失败后，流行在欧美各国的强迫结扎绝育的优生迷梦才最后破灭。

历史大书相当艰难地翻过这丑陋的一页。

如今，当出生在"二战"之后的人们再次讨论安乐死的时候，经历这段惊悚历史的人已经所剩无几，知悉这种疯狂荒谬思想不仅与希特勒和法西斯主义有关，更曾经渗入欧美国家思想主流的人则更是不多。

如今，信息社会中的观念和技术都与过去不可同日而语，人工智能和基因改造技术不仅正让人类的生死观念经历一场从未有过的震荡，也带来了从未有过的 N 多可能性。但是，当我们讨论一个104 岁老人因为"活腻了"而在别人的帮助下实行杀死自己的计划的时候，还是应该知晓历史上曾经发生过什么。这种知晓应该尽量有来龙去脉，尽量有细节，因为非如此，我们没法感受生死之惑有多么久远和庞杂，也没法知道所谓人性有多么乖张和幽深。

重提历史，并不是为了说安乐死只有负面意义。因为它实际上很快就随着"二战"后人们的文明觉醒而走上了充满人道光辉的道路。也许当了解更多的细节和来龙去脉之后，我们就会知道，对于如何死亡这件事，没有一个放之四海而皆准的真理。我也不大相信所谓"真理越辩越明"，因为一场低水平的争论，很可能会使一种有内容的思想变成混乱的无稽之谈。在我看来，争论从来不是为了胜负，而是为了获得更多的历史线索和知晓更多认真观察的结果。

（中）

掐指算来，荷兰的安乐死合法化也不过实行了区区14年。为了这个结果，整个民族精心准备了好几个14年。

荷兰医学界享有崇高荣誉。"二战"期间所有被纳粹德国占领的欧洲国家中，只有荷兰医学界全体成员拒绝与他们合作。在残酷的灭绝种族和残障人士的行为中，荷兰医生甘冒巨大危险，周全而毫无保留地保护了自己的病人。占领当局用吊销行医执照、逮捕和送入集中营等恐怖手段迫害他们，但谨守职业道德的荷兰医生毫不动摇，而且是全体，无一例外！其中原因也并不高深费解。荷兰人大多数都有自己的家庭医生，医患两者的家庭友谊会持续几代人，按中国的话说是世交，所以医患关系亲如家人。如此清正坚定的专业精神，使大多数荷兰人相信，由医学界主导的安乐死，会一如既往地使病人利益最大化。当然，这种信心还有重要的经济支持。荷兰是世界领先的福利国家。在普遍充分的医疗社会保险中，对末期病人的照顾无论从技术上还是支付上都很周全。

但是，安乐死在荷兰是合法的吗？回答如果是否定的，你又会大吃一惊吧？时至今日，安乐死在荷兰确实仍然是"违法的"。正确的说法是：安乐死虽然在荷兰仍然违反法律，但是在执行了某些严格的条款之后，执行者不再受法律追究。也就是说，只有特定情况（严格条款被准确无误地执行）下，安乐死才可以合法化。别小看这个"化"字，它是在强调，只在某些特殊情况下不被法律追究行为，从本质上来说还是剥夺他人生命，还是法律所不能容忍的。

为了免除执行医生（必须是主治医生及以上）的刑事责任，安乐死的实施必须满足以下标准：

- 病人安乐死的要求是自愿的，并且经过深思熟虑。
- 病人的痛苦无法继续承受，同时病情没有任何好转的迹象。
- 主治医生和病人共同得出结论，病人的状况没有任何其他合理的救治方法。
- 主治医生必须征询至少另外一名医生的意见，这名医生必须见过病人，并且对上述几条标准给予书面意见。
- 主治医生对病人实施安乐死或协助自杀时，给予应有的医疗护理和关注。

实施完成后，医生必须按照殡葬和火葬法案的相关条例向市政验尸官通报病人的死亡原因。要通过五个地方安乐死监督分会向安乐死委员会书面报告全程细节。安乐死委员会的责任则是仔细察看并最后判决医生到底是提供了死亡援助还是触犯了谋杀罪。审查者至少包括一名律师、一名医生和一名伦理学家。同时，医生和护士有权拒绝安乐死的实施或准备。实际上，由于种种原因，荷兰2/3的安乐死要求都会被医务人员拒绝。

看看，安乐死的合法化有多么复杂的过程！需要满足多么严苛的条件！一不小心，还是可能触碰法律红线。现在你知道了，这种做法可不是一句"合法"就能说清的！

尽管有开放的社会文化心理、细致的程序安排和严苛的法律制约，但对安乐死争论和异议却没有一天停止过。尤其是当荷兰国内安乐死人数逐年上升，《格罗宁根协议》对12岁以下儿童的安乐死网开一面，以及2010年以来一些组织呼吁要求所有感到对生活厌倦的70岁以上荷兰人都有权在结束生命时得到专业帮助等现象出现的时候，不仅在国际上引起巨大反响，荷兰人自己也表现出质疑和不满。有报道说，一些荷兰老人随身携带反对安乐死标识表达担忧和拒绝，甚至还有人因惧怕"被安乐死"而逃往国外。

引起我们注意和思考的104岁澳大利亚科学家的安乐死，也许不是因为别的，而是因为他只是"活腻了"！

我们知道，即使在荷兰，请求安乐死的前提条件一定得是病人，是患有不可治愈的疾病，且痛苦无法忍受的人，可大卫·古德尔没病，只是年老，只是不想活了！这可不太符合我们之前对安乐死合法化的理解，是不是？

大卫·古德尔是去瑞士实现安乐死的。为什么是瑞士？因为它是唯一允许对外籍人士实行协助自杀的国家。因为澳大利亚虽然在很早，甚至是比荷兰还早的时候也尝试过安乐死合法化，但不到一年，澳大利亚政府就因为可以想象的原因废止了这个法律。

大卫·古德尔的瑞士之行让许多人觉得协助自杀在瑞士是合法的，但事实再次并非如此。瑞士有关法律规定：任何人出于自私动机劝说或协助他人自杀，应判处不超过五年的监禁。这里的关键词是"出于自私动机"。也就是说，如果协助自杀的人无法证明行为无私，协助自杀仍然非法。当然，就实际效果来看，这是实际上的合法化，对，又是一个"化"字——把本质上非法的、剥夺他人生命的行为，化为一种在无私动机下可以不受法律追究的行为。显然，要证明自己不是出于自私动机这事不会太难。看上去为了回旋和操作让法律绕个弯子没多大意义，但至少说明，在剥夺他人生命这件事上，想突破法律和人情很不容易。

瑞士有两大协助自杀组织——尊严（Dignity）和解脱（Exit）。它们都不是医疗机构。在瑞士协助自杀基本上不被认为是医疗行为，可由这种所谓"非营利"的社会组织代劳。实施协助自杀的人可以是医务人员，也可以不是。但即使是医生，也只能提供药物或工具，无论是服药或是注射，病人都不能假手他人，需要自己执行最后步骤，也就是按下"死亡按钮"。种种情况，我们在对大卫·古德尔的现场报道和其他一些外国人到瑞士实行安乐死的视频中都可以看到。

目前所知道的细节也许能让我相信大卫·古德尔得到的是他自己想要的东西。但是说实话，不知各位如何，我作为一个曾经的临床医生，作为一个在中国推广了多年的生前预嘱和缓和医疗的人，观看这些视频也感到极大的不安和不适。不仅如此，以上种种——不是疾病，只是年老，没有不能忍受的身体痛苦，只是心灵极度疲惫，背井离乡，远涉重洋，不在医疗机构执行，而只能自行按下"死亡按钮"——都让我胆寒齿冷，都违背我尊严离世的理想。面对辞世者的孤立和决绝，我更因沉重的负罪感而满怀自责和哀伤。

（下）

知道安乐死的中国人很多，比知道生前预嘱和缓和医疗的人多多了。可是，如果从"二战"之前算起，安乐死已经100多岁了，它老了。也许老到自己都正在死亡了！这不是故作惊人语，只要你有心了解，就会明显看到，进入21世纪以来，在医疗模式转型，生命科学和技术不断发展，人类对自身认识日益现代化的背景下，年轻的生前预嘱和缓和医疗正在替代安乐死这个已经衰老和过时的观念，正在创造出更舒适更有尊严和更符合人道精神的死亡方式。

现有的生前预嘱——《我的五个愿望》，是一份容易填写的表格式文件。不需要专业法律和医学知识，只需对其中每个愿望下的问答做出"是""否"的选择，就能对自己的临终做出符合本人愿望的大致清晰的描述。拥有和使用《我的五个愿望》不违反中华人民共和国的任何法律。

根据世界卫生组织的定义，缓和医疗是为罹患威胁生命之疾病的病人和他的家属提供的全面照顾，以多学科团队合作，实现对病人因疾病产生的各种（身体、心理和心灵）不适进行早期识别、评估和适当处置，达到最大程度改善他们生活品质的目的。世界卫生组织提出的缓和医疗的原则有：一、重视生命并承认死亡是生命的正常过程。二、既不提前也不延后死亡。三、提供解除过程中的一切痛苦和不适的办法，等等。这些原则非常重要，它保护那些即使放弃生命支持系统或某些极端治疗的患者，在疾病过程中，尤其是临终，也不消极等死。它郑重承诺对患者的身心痛苦和一切不适提供有效的缓解和治疗，对家属经历的艰难陪伴和丧亲的困苦提供帮助和支持。

总之，缓和医疗以不涉及积极致死行为又给病重和临终者带来最大程度的舒适和尊严的方式，在世界范围内迅速传播，正超越和替代那种认为安乐死是人们面临绝症痛苦时唯一选择的想法和做法。

当然，现实往往比愿景骨感和复杂。几天前在协会的缓和医疗一线微信群里，一位远在昆明，但也许是最早开展缓和医疗的外科主任上传了他刚收治的一位病人的资料。

他说："这位肿瘤晚期病人有呼吸困难，是位大学教授，想多有一点尊严，大家讨论一下怎么办。能帮他做亚冬眠疗法吗？"病人憋气到不能说话，上传的由他亲手写的字条的内容让人揪心："我还没跟您沟通，我希望尽快实施亚冬眠，保留我最后一点尊严。"字条边上是家属写的："我全家都已沟通过，都理解、支持。"病人接着写道："我知道我的病情的全部，所以这次就是奔着您来的……"字条上每段文字后面都是郑重签名。字迹和签名都很凝重而僵硬，显露出书写人的急切和痛苦。

外科主任说："他（病人）是想变相安乐死。"群里的气氛也因为这句话变得急切和凝重起来。但这个群的好处是不会被任何类似安乐死这样的大问题吓住，面对真实的病例和真实的需求，这些一线临床医生第一时间考虑的不是任何理论和说法，而是如何帮助病人。你看外科主任这么说："现在知识层面高的病人会提出这样的要求，我们天天讲的理念、理论，这个时候就苍白了。"但是到底该怎么办呢？外科主任说："我认为他的情况还可以有一个月。他认为没必要再活下去了。这种时候对错难分，已经不是医学问题了。"这时群里有人提出那个绕不过去的老问题："我觉得医务人员需要先考虑法律风险，保护好自己才能更好地帮助患者，找一个平衡点。"外科主任回答说："想要保护自己就要违背病人的意愿，想要帮助病人有可能违背现有医疗制度。就算病人只有三天的生命，我们也要想怎么办。在医学层面到底有没有平衡点？"说到这里，更了解这位主任的浙江医生出来说："主任，你已经找到答案了。"话后面还加了一朵玫瑰。我看了有点着急，因为不知道这办法到底是什么。幸好外科主任接着说下去："这个病人呼吸困难，但并不缺氧。吞咽困难，但仍能进流食，腰疼是因为椎间盘突出，很虚弱，但他的诉求主因是觉得活着没有尊严。所以全家讨论决定来我这里尽快结束一切。我认为他还没进入终末期，我鼓励他换个好房间，心情先平稳下来，我答应三天以后再和他谈亚冬眠。我还保证一定让他最后不痛苦，离去的时候有尊严。他很配合。"说完外科主任上传了他让病人住的好房间的图片，群里一片赞扬之声。

今晨，对，就是刚刚，外科主任查完房再次上传照片，并说："这个病人明显好转，意识到要求冬眠的想法偏激了，非常感激我们当时没接受他们家庭会议的决定。"能感觉到群里的人都受到了鼓舞。其实，外科主任还有进一步为病人解决痛苦的办法，他说："只要他愿意接受我的意见，我可以在他的颈部，对造成压迫的肿瘤做消融术，这是个微创手术，缓解压迫，让他舒服，死亡的时候也会平静些。"不管别人，我看到这里献上了一大把，对，不是一朵而是一大把花（当然是电子的），为外科主任，更为那位经历苦难不失本色的勇敢患者。

不难理解，人在痛苦和屈辱的时候往往觉得生无可恋，但当压力稍有缓解，生命就又会变得弥足珍贵。做缓和医疗的医生对此深有体会，大家的共识是：如果病人提出安乐死，那就是缓和医疗没做好，没到位。我太同意这个观点了！外科主任的实践就是最好的证明啊。

还回到104岁澳大利亚科学家赴瑞士安乐死这件事，这篇写安乐死的文章本是由它而起的。之前我说我相信这位老人得到了他想要的东西。但是，如果有更多的照顾和关心，他"想要的"的东西会不会改变呢？虽然没有得到全部细节，但他曾因衰弱跌倒，因为没人帮助而在地板上整整躺了两天的经历让我痛心疾首！换作我，恐怕也会"活腻了"，不想再活。至于他根本不是任何疾病的患者，只是因为高龄和"不快乐"，就要背井离乡，在不一定是医务人员的帮助下自行结束生命，更让我难以接受。当然，好制度和好法律应该在公平正义的原则下保障所有守法公民有实现自己愿望（包括安乐死愿望）的自由，有免除恐惧（包括死亡恐惧）的自由，但是迄今为止，连考古发现都在不断证实，好生恶死是人类本能，尽管在某些极端情况下（如特殊的哲学思考、巨大的身心苦痛、严重的心理疾病或某种信念、信仰导致的献身精神等）视死如归可能成为现实。我想，作为一个曾经的临床医生和知道生前预嘱和缓和医疗的人，与其在哲学迷宫和自杀阴影中讨论安乐死是否应该合法化，不如更该和更愿意回归常识，以顺应伦理的方式推广生前预嘱和缓和医疗，让更多的人知道，按照本人意愿，以尽量自然和有尊严的方式离世，是对生命的珍惜和热爱。

2018 年 5 月 29 日

听见死亡

虽死犹轻盈

"选择与尊严"网站是建议和提倡尊严死的，自信满满地告诉人说，尊严死是最接近自然的死亡方式。

可到底什么是自然死亡方式，语焉不详。

近日读到一个美国历史学家讲述的印第安人的死亡情节，觉得是我目前知道的所有死亡方式中最接近自然的。这种方式虽然古老，也有点"野蛮"，可非常迷人，我大喜过望，赶快写出来和大家分享。

安尼西那伯（Anishinabe）人是居住在北美大湖地区的古老土著印第安人。按他们传统的说法，外出狩猎不管有没有收获，也不管是打死野兽还是被野兽吃掉，都应该始终"步履轻盈"。为什么连被吃掉都不该改变步履轻盈？因为他们觉得，狩猎是人与动物的一种交流或者是交换。动物有动物的语言，人有人的，虽然语言不通，但当被吃掉的时候都会有共同的需求，那就是得有个充足理由说服对方或者自己，心甘情愿地放弃身体喂饱对方。所谓充足理由在他们看来也只需要满足一个条件，就是允诺对方死后复活、灵魂永生。所以他们会举行一种载歌载舞而不需要语言的仪式，来向自己和交换对象表达这一点。他们还认为：地球是母亲，走在母亲身体上的每一步都要谨慎而谦卑，都是对母亲的赞美和祷告。有了步步谨慎、谦卑和赞美，就有了步步轻盈，即使死亡，也就是被吃掉，只是母亲注视下的一种交换，所以并不是改变步履轻盈的充足理由。

苏族人是另外一支古老的印第安人，有位首领的话也很到位，他说：我们并不认为辽阔的平原、美丽起伏的山峦，以及植物缠绕的蜿蜒溪流是"荒芜"的。只有白人才认为自然是"旷野"，大地上生长着"野蛮的"的动物和未开化的"野蛮的"民族。对我们来说，自然是温顺的，大地物产丰富，我们都生活在一个伟大神秘的祝福中。

我一直深信物质和技术文明导致精神文明，而无论是物质还是精神的文明的反义词，当然都是"野蛮"。读到这里，我忽然动摇，文明和"野蛮"在这里都有了与原先褒贬相反的新义。

不管是否带着令人不安的"野蛮"气息，不管是否真的需要重回现场，当身体和心灵日益受到文明挤压，回望祖先们对死亡的理解和豁达，是不是真的很有趣也很有益？

2011 年 11 月 15 日

良师无语　佛教人间

据说，在台湾要是问：你信佛吗？80%的人会点头。此行方信此言不虚。台湾信佛的人太多了，台湾佛教太昌盛了。

台湾慈济会是名满天下的慈善组织，由法号证严的女尼于40多年前创办。行前听说，位于花莲的慈济医院开创救人为先、免缴入院保证金先例，此后，台湾卫生主管部门要求全台湾医院比照办理。在讲求利益和效率的现代社会，这可不是一件小事。进入这间医院，果然看到许多意料之中的感人事情，但"无语良师"除了让我印象深刻之外，还有稍许意外。

无语良师是指那些死后被捐赠的遗体。在大陆，死后捐赠遗体虽然不普遍，但也算不上稀奇。不同之处在于，在大陆，为了保护隐私，这些身体在被捐献之后就没有了名字，或者被统称为"遗体"。而在慈济，所有人被特别要求不可以把这些身体叫作遗体，而要叫"大体"或者"无语良师"。每具"大体"被教学或科研启用的时候，有严谨程序。首先，参与教学和科研的老师和学生要访问

"无语良师"的家庭，和良师的家人一起回顾他们的生活经历。然后，师生和良师的亲人共同参加反复祭拜歌颂的启动仪式。启用前，使用者要先向大体衷心致敬，使用后要严密清洁，缝合所有伤口，还要动作轻柔而符合规范地为大体入殓，再后来是列队送别、火化，最后将"无语良师"的骨灰送入大舍堂永久保存。整个仪式肃穆庄严，不吝烦琐。存放"无语良师"骨灰的大舍堂24小时门户轻闭，但一推就开，因为许多学生在以后的日子里还会不断来这里凭吊，给"无语良师"写信。所以，在慈济，所有"无语良师"不仅有共同的名字"大体"，更从始至终保持自己生前的姓名和经历，对于生者来说，他们始终是那个曾经活过的、有喜怒哀乐的人。

2011 年 12 月 6 日

台湾人的死法

走进花莲慈济医院的安宁病房，不知怎么，就觉得错进了哪家幼儿园似的。也许是因为墙上贴的天花板上挂的东西都颜色鲜艳？也许因为门窗线条柔和，沙发上摆着巨大玩具熊？也许因为地板宽阔有弹性，是利于儿童玩耍的那种？又或者是日常东西都摆放在开放易取的低架上，唯恐取用的人不方便？

等安宁病房的护士长出现，我才明白，让我产生错觉的大概首先是这里每个人的脸。无论是医生、护士还是工人，每个人都表情宽和、眼睛明亮。它很熟悉，因为人在儿时，一定都从母亲的脸上看到过。它是对所有幼稚软弱的原谅，对所有错处无条件的宽容。它让你安心，因为看到它你就知道，无论你多不完美也不会被轻视和放弃。

护士长说：欢迎各位……语气之轻柔，仿佛她正守护世间最脆弱的珍宝。而实际上在她身后病房里的，是十几个来日无多的衰弱病患。

我们跟着护士长，不知不觉地学她那样轻手轻脚地走路。所有房门轻掩，她说为了不打扰和尊重，这些门从不会为外人打开。尽管看不见病人，但这里的气味、声响和摆设，都使你深信不疑，门内这些病入膏肓、毫无自保能力的人，都受到了应有的照顾和尊重。

　　不由想到我们最熟悉的那些告别亲人的地方，那些嘈杂、拥挤，人人焦躁不安，处处气味难闻的急诊室，那些有透明落地窗的重症监护室，玻璃窗后，插满管子的身体一览无余，毫无私密……

　　走进一个小房间，里面摆满多媒体的电子设备。询问之下才知道，精力尚可的病人可以在这里录音、录像，说出任何他们想说的话，表达任何他们想表达的意思，制作任何他们想制作的，留给后人的内容。老照片、老文件被编成纪念册，光盘里记录一生，珍爱的文字被打印装订成书。

　　进入弥留时，病人有更温馨的去处，他们被从病房移入一个告别室，那里一尘不染，墙上悬挂耶稣、佛祖、观音诸神像，还有十字架、佛教万字旗……这些标志都用简单机关控制，可以随时显现或退隐。这让不同信仰的临终者在这里不分贵贱，都能和自己最爱的人或神共处一室。

　　在安宁病房里，治疗疾病已经不是重点，因为所谓末期病人就是被认定疾病已经不可治愈，按合理的医疗判断生命不超过 6 个月的人。所以，这里的医疗重点是缓解病人的所有不适和痛苦，让他们尽量无痛苦有尊严地离世。医生和护士全力争取的，是病人的不疼痛、不痛苦、不恐惧，简单来说就是身、心、灵的安宁。所以，在这里尽量不做有创伤和增加痛苦的诊断和治疗，而止痛药物则在不影响生命质量的前提下被要求充分使用。全体人员对病人心理和精神上的安宁负有重大责任，安慰办法也颇有专业水准，而这一切，早都因为深受尊崇而蔚然成风。

台湾于 2000 年通过《安宁缓和医疗条例》，允许末期病人放弃不必的抢救和治疗，如临终的心肺复苏和生命支持系统，进入安宁缓和医疗。目前台湾卫生主管部门要求所有三甲医院必须设置安宁缓和病房，在病房中产生的费用由"全民健保"按规定支付。医疗教育和学科设置中都有专门的"安宁缓和医疗"科。数据显示，台湾地区的末期病人已经有 50% 以上是经过充分正规的安宁缓和医疗照顾去世的。这是领先世界的骄人成绩。

安宁病房医护人员和病人的比例是 1：1，但病人得到的照顾实际上比这个数字反映的更加充分。因为所有安宁病房里都有训练有素的志愿者，台湾人叫义工。说到台湾义工的组织、有效和不可或缺，这是另一篇大文章。所以还是说回慈济医院，比如这个安宁病房里竟然有个讲究的咖啡吧，服务人员是三名中年女义工，据说因为泡茶、煮咖啡特别拿手才有幸能到这里服务。对，在这里工作，所有人都觉得自己"有幸"。比如我问护士长她这里会不会缺人手，薪酬上有没有特别优待，真正优秀的护理人员会不会不愿意来这里？她对我的问题非常迷茫，沟通了几次她也不太明白我的问题从何说起，就好像我们在使用不同的语言。最后她只好循着自己的思路对我说，安宁病房的工作对人生成长有重大意义，这里从来不缺人手，来工作的义工还要排队等待。我问她在这里工作多少年，她轻描淡写地说：13 年。看她年纪，大部分职业生涯都是在这里度过的吧！

他们有时会互相称"菩萨"，并乐此不疲。主人和护士长请我们在咖啡吧落座的时候也对我们说：各位菩萨请用茶。哇！信不信由你，互称"菩萨"功能强大，真的能让人自认"菩萨"呢。要不那时那刻，救苦救难之菩萨心，怎会真的在我胸中油然而起？

三位女菩萨泡的茶真好！一时间觉得自己从没喝过这等好茶。

昨日朋友聚会，听我讲完安宁病房，朋友说：那将来咱们都去台湾死吧。我说，不如现在我们一同努力，将来也许在大陆就能享受台湾人的那种死法。否则千山万水横渡海峡去台湾死，终是说说而已。

聚会甫散，我心有戚戚，仔细检视竟是割舍不下，至少下次去慈济医院安宁病房，要喝三位女菩萨煮的咖啡，弥补上次只喝到好茶没喝到好咖啡的遗憾啊。

也许还能再次温习菩萨心？

2011 年 12 月 27 日

莲社和西方乐土

如今莲社在台湾遍地开花，可莲社的根在大陆，据说从晋朝起就有。不同于出家人的寺庙和禅房，莲社是居士吃斋念佛共期往生乐土的地方。而居士就是在家修行的佛教徒。也许是中国最有名的居士叫赵朴初，当过中国佛教协会的会长。

友人一再坚持，我们只好在上飞机前起大早去造访台中莲社。

曲曲拐拐的小巷还没醒来，迎面碰上的一两个早出门的老人家和善微笑，目光羞赧。就算老人家声气不足，但目光相遇、嘴唇下意识开启时，分明有个圆润的"早"字在口舌之间问候你了。

进了莲社大门，觉得像进了我们熟悉的街道居委会，更准确地说是 20 世纪那种专管家长里短的居委会，因为如今大陆的居委会相互比着装修都更像衙门口了。莲社里多是妇女，洒扫洗涮，忙忙碌碌。20 世纪 50 年代，来自山东济南的李炳南居士创建台中莲社的时候，就是凭了些比丘尼和信佛的家庭妇女照顾起居和管理财务，才能专心传教讲佛。台中莲社著名的"十姐妹"用本地语言下乡布教，是台中莲社开疆拓土的功臣。近年多有学者研究台湾女性与莲社发展的关系，极为有益有趣。

莲社做许多慈善，办学校，开医院。最有特色的，可能是他们的临终助念，就是当有人临终的时候，莲社成员组织起来去垂死者家里念佛，他们认为这可以助人死后去往西方乐土。按我有限的知识，佛教并不被学界普遍认为是完整宗教。宗教必备三大要素：独一无二的神、成熟教义和僧团组织。佛教显然缺项，首当其冲的没有一个"独一无二的神"。近年来许多著名佛教人士也开始否定佛教是宗教，甚至否定佛教是哲学，说佛教只不过是"佛祖的教育"的人越来越多。因为佛祖对所有无关解脱的话题都沉默，所以他们对佛教是不是宗教的问题也应保持沉默。

佛教相信生命有轮回，如果不能解脱，就得在六道轮回中永远受苦。而如果能解脱，就可去往西方乐土，从此跳出轮回；而临终助念就是助人脱离苦海，永享极乐，当然，兹事体大！

莲社对这件大事的组织实施实在令人感佩，我们见到墙上贴满各种值班联络表格，保证一旦有事，组织、人员马上到场并有效精准地开始工作。临终助念有严格的各种规定、文书表格、标准程序，一切都直至微小细节。比如所有助念活动都得主动申请，填写申请表格。助念者均为志愿，从始至终分文不取，只可喝丧家水，不能吃丧家饭；助念过程中，着装、仪表、活动、言辞都要按部就班。做到这些并不容易，说是临终，但没人知道时间到底多长，念佛一旦开始就不能停，日以继夜也不稀罕，助念者要有很大毅力和奉献精神才能坚持。但看来，这里的人在巨大精神力量鼓舞下乐此不疲。

临终助念这回事并非台中莲社首创，而是佛家一贯传统。弘一法师曾在《人生之最后》中写道，临终时：切勿问遗嘱，闲谈杂话。自言欲沐浴更衣，可顺其欲而试为之，或坐或卧皆随其意，不可勉强，请人助念，供佛接引像令彼瞻视。助念轮班，询问病人念佛习惯，念佛声不可太尖锐……弘一法师是我心仪的智慧之人，但他对临终诸事的安排并不完全妥当。比如他在同一篇文章中说，人死后 8 小时不能搬动和抚摸，"虽身染便秽，亦勿即为洗涤"，我就不能同意，这显然有违卫生常识，有传播疾病的危险。就算佛教界人士也有不主张这样的，在慈济由证言上人提倡并开展的大体捐赠和模拟手术，都要在第一时间对死者遗体进行科学处理，不仅要搬动，而且要大搬大动才行。

回来检视台中莲社送我们的礼品，其中有临终助念包，这是由志愿者带去现场的，为每位临终者精心准备的物品，其中有佛像一张、香烛若干、念佛机一台、引磬一对、经被一条、润肤乳一小盒……林林总总，为垂死者设想极为周到。

谢谢坚持让我们参观台中莲社的友人，起多早参观这些都值得。无论信仰如何，台湾社会深处生长出如此文明的肌理，怎不令人深深感动？一位友人听完我讲述之后说，一个社会对死亡如此尊重，真值得骄傲。

我深以为然！

2012 年 1 月 24 日

决绝生死，毅然离世

昨日久未联络的一位朋友打电话给我说：老沙走了，是自杀。

老沙是我在部队当医生时的同事，身材高大的口腔科女医生。我转业不久听说她当了门诊部领导，觉得性格外向的她当领导实在是比当口腔科医生合适。再后来隐隐约约听说她爱人生病去世，但是她分到了很好的房子，女儿去德国留学并且学有所成，在那里找了丈夫定居下来。后来又听说她得了癌症，我也没往心里去，觉得都当门诊部领导了，总会受到应有的照顾。不过是些悲喜掺杂的寻常故事。可是突然……

她为什么自杀？

听来的经过大致是这样：老沙发现得了癌症时已是晚期，她虽然做了放疗化疗，但身为医生的她怎能不知道自己终归预后不良？远在德国的女儿放下一切回国照顾她，不知孝顺女儿的这个举动是否使她更觉得自己活下去会成为别人的负担。到底发生了什么外人不可能知道，只知道事情发生的时候老沙的身体情况并不太坏，因为女儿一早起来没见着妈妈，还以为她自己去门诊部开药。这说明老沙那时不仅生活一切自理，甚至还可以自己出门。时间一长女儿觉得不对，检视日常用品，觉得妈妈不可能只穿着拖鞋出门，遍寻家内，才发现妈妈服用大量安眠药，躲藏在一个隐秘角落……经过医院抢救，老沙甚至恢复了神志，但她愤怒地拒绝一切治疗，只要有力气，就拔掉插在身上的任何管子。一周之后，多种脏器衰竭，老沙再次进入弥留。这回女儿做主不做最后抢救，并在妈妈去世之后四个小时就完成了遗体告别。

老沙就这样决绝生死，毅然离去。

到底发生了什么我们还是不可能知道。听完电话里朋友的描述，我们都沉默了。然后她说，我怎么觉得老沙挺勇敢的呢。我说，我也觉得。她说，趁着自己还能动，还能做主……我说，女儿也很棒，帮助妈妈实现心愿，真有担当！

但是，从这个听见的死亡事件中，我还是有许多遗憾。感佩之余，我为这对母女在生死抉择时刻的孤立无援感到非常难过。我们的医疗体制，对这种处在疾病和死亡巨大威胁中的人，本应该有更多的专业建议和技术帮助。我们的社会，对这些面临死亡仍要保持尊严的高尚想法，本应该有更多的理解和支持。如果有了，这个听见的死亡事件也许就不会这么令人难过，老沙的离世也许就不会这么寂寞和孤绝。勇敢和有担当的女儿也许就不会这么匆忙和心碎，我们这些仍然活着的人就不会对死亡充满恐惧。

我们正在推广生前预嘱，希望这些努力真能帮助到别人，也帮助到自己。

2012 年 3 月 21 日

阿贵的故事

台湾乡下有个阿嬷得了癌症，住进安宁病房。想想自己年事已高，儿女都已成人，虽说得了重病，但在安宁病房里天天有人伺候，也算得上诸事顺遂、生死无怨了。

阿嬷一心一意等待大限来临。谁想一等不来，二等不来，三等还是不来，等得心头焦躁，天天在病房里发脾气，抱怨老天爷把自己丢下不管。儿女弄不住，医生护士也弄不住，大家有点慌，只好请来有名的安宁疗护专家。

专家一进病房就舒眉展眼说，阿嬷不要急，你这大岁数，养育五个儿女，一定不容易，不愿意跟我说说？

阿嬷一听专家提儿女，马上眼睛发亮不发脾气了。问，你真要听？

专家说，要听。

阿嬷说，我种田人，不识字。

专家说，是哦。

阿嬷说，可我儿女个个都上了大学呢。

专家说，是哦。

⋯⋯⋯⋯⋯

此后，每天阿嬷都给专家讲儿女的故事。

最后，最小儿子的故事也讲完了。

专家说，很好很好，都讲完了，早点休息。

阿嬷说，你怎么知道我讲完了？

专家说，五个儿女，五个故事，可不是都讲完了？

阿嬷说，阿贵的故事我还没有讲啊。

专家问，阿贵是谁？

阿嬷说，阿贵是我家老母猪。

专家说：你家老母猪也有故事？

阿嬷说，它可是我家大功臣。

专家说，好好，明天来听你讲它的故事。

阿嬷说，不，一定要今天讲。

专家说，明天一样可以讲啊。

阿嬷说，不可以。

专家问，为什么？

阿嬷说，来不及。

拗不过，专家只好留下来接着听阿嬷讲故事。

下面是阿嬷的故事：

丈夫去世时我发了毒誓，要送所有孩子上大学。发完毒誓，埋了丈夫，我就把阿贵买回家。

我想：母猪能下崽，猪崽能卖钱，钱能交学费。

阿贵身体好，长嘴短脚，一年至少怀两胎，每胎至少生十崽。我喂养精心，想办法给阿贵弄好的吃，阿贵特别争气，一时性起，两年怀五胎的时候也有。不仅如此，阿贵的崽啊，生龙活虎，没灾没病，知道的人都抢着买。

我一个妇道人家，五个孩子上学，可因为有了阿贵，我家的学费从来不晚，从来不短。

我家规严厉，所有孩子下学回来要带猪草，每顿饭要等阿贵吃饱了全家才吃。

后来孩子们长大了，我也日子熬出头了。可是阿贵老了，不能生崽了。我舍不得卖掉，就生生伺候着，不生崽了也伺候着。

再后来阿贵死了。我那天抱着它大哭一场，我离不开它，我要把它埋在自家院子。

阿贵下葬那天，所有孩子都回来，给阿贵行礼磕头。我指着阿贵的坟头说，没有它哪有你们今天？要磕头，每人都要连磕三个。孩子个个听话，每人磕三个头，连磕十五个下去，郑重其事，决不走板。

阿嬷讲完阿贵的故事，幽幽对专家说，这辈子我最感谢的是阿贵。

专家说，是哦。

阿嬷说，现在走吧，我家故事这下真讲完了。

第二天一早，专家听说阿嬷昨夜死了。

专家想，昨夜幸亏让阿嬷讲完，否则还真"来不及"。

阿嬷走了，专家到处给人讲阿嬷讲给她的这个故事。

去年"选择与尊严"网站"看看台湾"团队去台湾时就听到专

家给我们讲这个故事，专家名叫赵可式，是台湾安宁缓和立法推进的先行者。

让临终病人讲述自己的家族故事是由赵可式教授倡导的，在安宁病房中流行的做法。她管这叫"生命回顾"。事实证明，临终病人通过生命回顾能得到极大安慰，能很自然地获得成就感，能有效缓解死亡恐惧。赵教授她们十几年做下来，这方法深受好评，蔚然成风……

今天，我讲你听。这个赵可式教授讲给我们听的，阿嬷讲给她听的这个阿贵的故事，正飘摇展翅，穿云过海，从台湾乡下来到大陆来到北京，在你我之间，再次心心相印，口口相传……

2012 年 4 月 24 日

也许是第一人

李又兰阿姨是开国上将张爱萍将军的夫人。2012年年初，传来阿姨去世的消息，阿姨得享天年93岁。

又兰阿姨出生于浙江镇海小港，其父乃著名爱国实业家李善祥（1880—1959年）。今辽宁锦州南山有片果园曾名"生生"，20世纪30年代，李善祥来这里经营开办，培育出举世闻名的"红元帅"苹果，至今被称为锦州苹果之父。他还在辽西地区创办恒康农场，引进美国农业模式，试种水稻成功，创办万生酱园，生产出东北地区第一款美味酱油——万字牌酱油。李善祥不仅实业有成，还是辛亥革命镇海地区领导者。他思想进步，在家乡创办过务实女子学校。自学完大学数理化课程，还通晓英、日两门外语。如此漂亮人物，子女深受影响，追求真理，向往光明，先后投奔革命。又兰阿姨是新四军中有名的才女，与张爱萍将军的婚姻也是出名的美满恩爱。

长辈仙逝，哀思绵绵，家人前去吊唁，带回感人消息。据又兰阿姨的女儿叙述，又兰阿姨晚年岁月静好，读书上网，优雅安详。

一日老友探望，带新书一册，名《我的死亡谁做主》。又兰阿姨翻阅后颇以为然，欣然填写生前预嘱"我的五个愿望"，申明放弃临终抢救。此次住院，又兰阿姨心有所感，召集医生、家人明示"我的五个愿望"：此乃本人意愿，你等需谨守。尤嘱医生、家人，不许插任何管子。又兰阿姨进入弥留，家人、医生果然谨遵其嘱。病人昏迷半日后飘然仙逝，神思安宁，身体完整，家人伤痛之余颇感欣慰。

我闻此讯感慨万端，没想到我们的小书《我的死亡谁做主》如此邂逅睿智心灵，这般得到长辈厚爱，实在备感幸甚、荣甚！

"选择与尊严"网站开办至今，推出大陆居民可使用的生前预嘱文本《我的五个愿望》也有三年。虽然网站点击量和"我的五个愿望"注册人数不断增长，可世事冷暖，临终个人意愿最是隐私。我们努力工作，殷切希望，备感艰难的是许多信息不得而知。今又兰阿姨女儿一番话，传情达意，简单明了，怎不让我们备感亲切，如获至宝。

又兰阿姨洞察生死，对"我的五个愿望"的理解如生命归途上的温暖太阳，照亮人心我心。我不禁想入非非，李又兰阿姨也许是被生前预嘱"我的五个愿望"帮到的第一人？如果是，这个第一真让我们无比光荣。如果有了第一，很快会有第二、第三吧？有了第二、第三，很快会有第八、第九、第十、第一百吧？"我的五个愿望"会帮到越来越多的人吧？

听说又兰阿姨的次子张胜大哥对前来吊唁的人还说了这样的话："妈妈一共就病了二十几天，最后抢救就是六天。医生要给切开气管上呼吸机啊什么，她不愿意，说国家的医疗资源不丰富，自己的生命该终止了，就不要浪费了。她是个唯物主义者，对生命的意义，她看得开。"

帝王将相，贩夫走卒，生死契阔，爱恨情仇，终究是殊途同归。

又兰阿姨生得卓越美丽，死得从容尊严。

敢问人生夫复何求？

2012 年 5 月 9 日

升压药和绿骨灰

朋友与我同年，是颇有建树的学者，改革之初是农村改革骁将。有生之年，他走遍祖国大江大河，对新能源发展方式和国土整治的见解惊动朝野。

朋友笔健，文章磅礴，雄辩强劲，缜密绵长。

三年前惊闻朋友罹患癌症，且已是中晚期，姑息手术后医生预告来日无多。造化弄人，不假天年，朋友正当盛年，诸多研究都正开花结果，不要说他，连我都在震惊之余，终日愤愤不平。

朋友出身政治世家，父亲是老一辈理论工作者，家族成员个个强势有为，对生命无比珍惜，大处小处，不得有错。千斤重担于是落在一位柔弱女子肩上，柔弱女子不是别人、是朋友之妻。

友之妻本为医界人士，每念及自己未能及早发现丈夫疾病，耽误治疗机会，痛悔万分。偏癌症中晚期治疗矛盾重重，对错难辨，最难取舍。人责自责，进退维谷，友之妻五内俱焚，无地自容，万般无奈之下竟然自戕！幸亏及早发现，傻事未能做成。

再见她，两手拎满大包中药，神情坚定，允我绝不再寻短见，信誓旦旦要为丈夫追求最优异之带癌生存。

不料娇弱之女子竟说到做到，从此力排众议，运筹帷幄，衣不解带，敢作敢当，与重病丈夫不离不弃，携手同心，奋力前行。

一晃三年有余，重病朋友在妻子帮助下真的创造生命奇迹，竟于病榻上出版三本皇皇巨著，一生心血，尽收其中。

尽管忍受巨大痛苦，尽管经历癌症晚期所有折磨，但深重苦难让思想薪火相传，坚强意志使希望之光灿烂。想到朋友一颗忧国忧民赤子之心，在日日夜夜与疾病搏斗中大放光明，令人欣慰感动。

怎奈疾病凶顽，生命力再奇崛也不敌死亡强大。朋友睿智，大限将至，心有所感，考虑再三，让妻子郑重签下临终放弃创伤性抢救协议。

但也许因生命太过美好，因做事愿望太过顽强，朋友在失去意识之前，竟执妻子手说：我不想死，不死还能做事，你替我守着，不该放手的时候不许他们放手……

朋友当天夜晚进入弥留，心跳变慢，意识丧失，血压下降，桩桩件件，都是临终征象。因为已经签署放弃创伤性抢救，医生们能做的只是用多巴胺维持血压，一支接一支。漫漫长夜，没有尽头，妻子心头也许只剩下丈夫最后那句话：不该放手的时候不许他们放手……

既然不放手，医生们能做的只是，升压药一支接一支。朋友留恋生命，妻子留恋亲人，医生不该放手的时候不能放手……。所以那天晚上只发生一件事，就是升压药多巴胺一支接一支。

也许所有的人心早都碎了，像那些被敲破的多巴胺安瓿。但此时多巴胺成了绝望的道具，敲破的安瓿成了替罪羔羊。因为那一夜只发生一件事，就是升压药多巴胺一支接一支、一支接一支。直至清晨，朋友那颗太过顽强的心脏才最后停止跳动……事后计算，那晚竟用了1000多支多巴胺！按8小时480分钟计算，平均每分钟用了两支还多！

一切都过去了，丧事也办完了，我请朋友的妻子儿子吃饭，这对母子一出现，我就清清楚楚看见，亲人离去的伤痛依然写在他们脸上。

妻子说，很残酷，一共用了1000多支多巴胺。

儿子说，骨灰颜色不对，是绿的。

我赶紧岔开话头，只想他们好好吃点东西，不想他们因这1000多支多巴胺，伤痛上面再加伤痛。

但时至今日，我仍耿耿于怀。以我朋友生前的绝顶聪明和生命力强大，他的临终本应更潇洒、更轻灵、更智慧，怎会让这荒唐可笑的1000多支升压药搅扰成这样！

可是该责备谁呢？医生在尽责。妻子在谨守丈夫嘱托。而我朋友，他是在留恋生命。

虽然签了不做创伤性抢救，但百密一疏，防不胜防，谁能想到还有这让人骨头变绿的升压药，真真让人痛彻心扉！

要是死后真有另一个世界，朋友，请听我祈求上天：

愿你的绿色骨灰就在此世湮灭。

愿你在那个没有多巴胺、没有升压药的世界里，用你先行的勇敢和智慧接引众生。

让我们这些后来者不再因留恋和不舍受苦，让每个死者都更有尊严。

2012 年 5 月 15 日

我见天使

小铃是台湾女孩，生在富贵人家，面容姣好，性格温顺，从小到大天真善良。这样的女孩，当然是全家人尤其是父母和祖父母的掌上明珠。不要说饥寒，连什么是烦恼都不知道。

小铃到了合适年龄就去美国读书。不知道的说是随父母出国，知道的说是父母为了小铃，全家移民去新大陆。

小铃聪慧美好，轻松考上名校。小铃就是小铃，以后日子里，一如既往，学业精进，品德优良，是全家、全校的骄傲和光荣。

这么好一个女孩，偏偏得了癌症，偏偏是最凶恶那种，偏偏发现的时候已是晚期。

完全没有道理！可谁能跟老天爷讲理？

听没听过天妒英才啊！

小铃被父母带回台湾，不是因为台湾有好药、有好医生，这些美国都有。台湾有对末期病人最好的照顾，美国也不能相比。

小铃住进赵可式教授管理的安宁病房。不知道是因为这孩子太好，却要过早离世，还是因为生死无情，所有人都束手无策。反正人人伤心欲绝，被无常死亡震慑。小铃在这里一时被大爱包围，不要说家人，所有医护都对小铃细心呵护、关怀备至。安宁病房里不仅有爱，还有各种让小铃这样的病人在最后的日子里尽量感到身体舒适和心灵安宁的办法。

天可怜见，小铃这样的重病女孩最是敏感善良，怎能不因沐浴温暖而感恩图报？

最后时刻眼看来了，小铃每况愈下，偏偏赵可式教授那儿天要公干外出，她知道可能再也见不到小铃，但也不好提前告别，只能默默为她祈福。

数天后赵教授回来，小铃已经死去。

家人交给赵可式一封信，还有厚厚一沓照片。

小铃在信中说，她知道自己不久于人世，很想和赵教授告别，但知道她去帮助别人了，心里还是高兴。小铃说自己年纪太轻，在这世界上走了一回，得到许多关爱，却很少帮助别人。她说在安宁病房里学习到人死后捐赠遗体和器官可以帮助别人，但想到自己是癌症病人，器官不能用作移植，身体可能也不好用，可是她身无长物，只有身体还算完好，所以她让家人在她死后拍摄她身体的"全景"照片，她要以这种特殊的方式表达对这个世界的深深敬爱，鼓励更多人克服对死亡的恐惧和对捐赠的心理障碍。她说这些照片是最后的礼物。送给赵可式教授是希望通过她实现自己死后也能帮助别人的愿望。

赵教授说，自己也算见惯生死，可是在翻检这些"全景"遗体照片的时候还是被深深震撼。

我们去年 11 月在台湾听赵教授的讲座时，有幸看到了这些美丽的照片。虽然不知道小铃生前的模样，但她死后的面容真是不可思议的安详美好。她的头微微侧向一边，生动迷人的清秀五官坦然迎向观者，嘴角上的温婉尤其动人。目光移行，就看到小铃整个身体自然袒露，玉洁冰清。无论面容还是身体，都被圣洁照亮。我在那一刻感受到巨大的力量，生命虚无和死亡恐怖都在那一刻离我远去。

人说天使住在天堂，永远不会死去。但我那天分明看见：这个活脱脱的天使，眼睁睁下了凡，明白白死在了人间……

原谅我用这些幼稚的字眼。每当这种时刻，我这种不信神的家伙，总会觉得语言特别贫乏，情感特别枯涩。不管谁，完全没法打发内心胀满的神圣情感的时候，只能用童话语言说话。

赵可式教授现在也是癌症患者，给我们讲座将近两个小时已很劳累。在我们的要求下，她答应坐着说。但说到小铃的故事，她恭敬起立，垂手站立，整理衣服、头发后款款开口：小铃是我的病人……

我没问，但我相信，这是一个仪式，是每次讲述小铃的故事的时候必有的一个郑重仪式。不管赵可式教授讲述过多少次小铃的故事，每次讲述开始之前，她一定都是这样子先恭敬起立，垂手站立，然后整理衣服、头发，款款开口：小铃是我的病人……

天使来过，天使死了，死在人间。

听我讲完故事，你是不是也相信：天使来过，天使死了，死在人间！

年轻时，看莎士比亚笔下的哈姆雷特临死躺在朋友怀里说："我死了，但你要留下来给世人讲述我的故事。"当时觉得这个王子不厚道。死多容易啊，留下朋友给世人讲故事可是个不好干的差事呢。

今天，我愿意当那个留下来讲故事的人了。我会像赵可式教授那样，讲故事之前恭敬起立，垂手站立，整理衣服和头发，然后款款开口：

天使来过，天使死了，死在人间……

2012 年 5 月 29 日

救了五个叔叔阿姨之后

《广州日报》消息：2012 年 5 月 13 日，一名叫田干的 11 岁男孩在车祸之后脑死亡，打工母亲忍痛将孩子全身器官捐赠。

由于孩子生前健康，发育好，这些高质量的年轻器官在医生精心手术后，毫不含糊地救了五个成年人。报纸上的题目是《小田干救了五个叔叔阿姨》。报道中将接受男孩田干器官的人称作"幸运儿"，实在贴切不过。

近年来器官移植技术发展很快，但可供移植的器官却少之又少。发生在男孩田干身上的器官捐献事件弥足珍贵，不仅因为它提供的资源稀缺，更因为它提供的方式正确。这么说，是因为在我们这里，亲属之间的活体器官移植正大行其道。

媒体充斥大量类似割肝救母、捐肾救夫的煽情故事。甚至还有医生以骨髓移植治疗白血病儿为名，劝告年轻父母再怀二胎，结果极其不幸，二胎孩子出生不久再次被诊断为白血病……不说为了救助一个残缺的生命去特意孕育，然后伤害另一个健康的生命是否有悖伦理，单单此种劝告竟然出自医生之口就足够可恶荒唐。其实，亲属间的活体捐赠存在的诸多风险和严重问题，被有意无意地遮蔽和淡化了。

虽然许多临床统计数字从成功率、低成本等方面显示活体捐赠手术利大于弊，但对活体器官捐赠者的健康来说，损伤却是100%，甚至可以说是有百害而无一利。以活体肝脏捐赠者为例，有30%的人会面临包括死亡危险在内的多种并发症。捐赠之后的心理问题也很严重，有资料显示，虽然大多数捐赠者帮助的是自己的亲人，但他们还是会在以后的日子里感到从此不再健康，觉得在受到伤害之后被轻视，甚至有人对器官接受者产生恶感。

此外，活体捐赠带来的最大问题是器官买卖市场，市井流传那么多器官丢失的恐怖故事和层出不穷的跨国跨境器官黑市的真实案例莫不与此有关。

当然活体捐赠不能一概抹杀，问题是不能遮蔽真相和到底如何正确权衡利害。

在中国，即使是遗体捐赠也有很大问题，2011年10月，国际医学杂志《柳叶刀》发表文章称国际社会应该联合抵制中国将死刑犯作为遗体器官移植供体的行为，呼吁对中国要做到"三个不"：国际学术会议不接受来自中国的相关论文；同行评审期刊不发表来自中国的相关论文；国际医学界不与中国合作进行这类器官移植的研究。而中国卫生部副部长确实在2012年的全国政协大会上承认："由于缺乏公民自愿捐献，死囚器官成了器官移植的主要来源"。无论如何，中国政府官员在正式场合的这种表态是巨大进步。

好消息是，卫生部推出修改过的《人体器官移植条例》已经对使用死囚遗体器官和活体器官捐赠做出了符合国际通行伦理标准的规定，等于再次重申了逝者器官的志愿捐赠是解决器官移植短缺的正确途径。这对所有患者和全社会来说功莫大焉。

《中国青年报》记者采访，问我作为提倡"尊严死"的公益网站志愿者，对生死问题考虑比别人周详，对传统观念比别人解放，是否对死后捐赠遗体已经没有顾虑。我不假思索地回答说，不是没有顾虑，而是顾虑重重。

遗体器官捐赠难题对全社会来说远未破解，我并不同意有些传媒将其主要归纳为人们和社会的观念落后。因为，对一个有意捐献的普通人来说，这事情仍然非常困难。首先，我们没有遗体捐赠和脑死亡的标准立法，在没有法律保护的情况下何谈个人义务和权利？其次，可能许多人还不知道，人体器官的捐赠和分配，目前由卫生部门委托中国红十字会代管。而红十字会丑闻惊天，这种机构管理如此重大事宜谁能放心？现在连捐款都大幅减少，更别提捐器官了。

当然，如果媒体报道基本属实的话，小田干的故事还是大有深意。它至少说明，在这个案例中，所有不尽如人意的制度、法律、人情、观念，都露出了它光明的一面。11岁男孩田干和他的母亲以如此勇敢的举动，推动了全社会前行。

我要向他们学习，尽管困难险阻，尽管顾虑重重，但仍然要加入遗体捐赠队伍。大家一起做，事情一定会向好的方面发展。

报道最后说，田干的母亲面临巨大的医药费债务，已经有机构开始援助，但没说这种援助到底在多大程度上解决问题。

面对如此正确的捐助行为，我感到深深的惭愧。政府、社会、被捐助者和我们每个人，难道不应该共同努力建立一个有效的制度，让它来帮助这个母亲和以后所有类似的捐助者至少从债务中脱身吗？

2012 年 5 月 22 日

好教皇和好上帝

　　教皇约翰·保罗二世是波兰人，俗名叫卡罗尔·约瑟夫·沃伊迪瓦（Karol Józef Wojtyła）。他当过运动员、演员、矿工，写过戏剧。纳粹占领时期，所有波兰大学都被关闭，他在这个时候通过地下秘密神学教育取得了教职。1978 年 9 月，接任教皇仅 33 日的约翰·保罗一世逝世。沃伊迪瓦在两个月内的再次选举中当选，任天主教第 264 任教皇，号约翰·保罗二世，时年 58 岁，是天主教廷2000 年来最年轻的、唯一斯拉夫籍的教皇。他在任的 28 年间共出访102 次，创造教皇出访最高纪录。他被认为是一位"不一样的教皇"，对教廷的公共形象产生了巨大深远的影响。

　　但同时，保罗二世也是一个病人，两次预谋暗杀严重影响了他的健康，去世前十年始终受到帕金森氏病困扰，晚年更罹患癌症，行动、听力和语言都有障碍。2005 年 2 月 1 日起两次因为呼吸衰竭入住杰梅利（Gemelli）医院。3 月的最后一天，教皇又因急性尿道感染引发高热，这次他坚决拒绝入院，于是情况急转直下，多脏器发生衰竭。4月2日凌晨他在自己的房间里与世长辞。根据公布的资料，教皇此次发病，确实从始至终没去医院。他要求在梵蒂冈自己的房间里辞世，并很坚决地捍卫了个人愿望。

众所周知，罗马天主教坚决反对安乐死。他们认为既然上帝造人，人就没有权力决定自身生死。安乐死是自杀，是人类自由意志，是反神反上帝的。保罗二世作为反对安乐死、反对堕胎、反对同性婚姻，甚至反对女权的保守教皇，却对人在临终时是否使用生命支持系统有出人意料的观点。

1985年年底保罗二世在"宗座科学院"讨论人工延长生命的院士集会中说："即便用了各种方法而死亡还是无法避免，依照良心可以决定拒绝运用那些延长生命的治疗方法，即只能使延长的生命很不稳定而且充满痛苦的方法，但是不可停止一般的照顾，这些照顾是在类似情况中应该给予病人的。"（*Origins*，85、12、5 p416）。

教皇不仅这样说，也这样做了。在自知大限到来的时候坚持不去医院，坚持实现个人愿望，最后死在自己的床上。尽管他是公认的最保守的教皇，但拥有这样的勇气，我仍然觉得他是个好教皇。

教会从来不喜欢自由意志。教皇也许不会同意我赞扬他捍卫个人愿望的说法，他也许会说最后死在自己的床上是上帝的愿望而不是他自己的，他只是遵从了上帝的召唤。那我也没意见，因为如果上帝真有这样的愿望，那他也是个好上帝。

不过，对天主教坚决反对安乐死还是有人耿耿于怀。保罗二世去世后不久，意大利一位重症护理专家撰文指出，根据自己对有关医学资料的详细研究，她认为，"教皇很可能在临终前数周，同意撤销包括喂食管在内的生命支持系统，以便让身体衰弱得更快。这应该被认为实施了某种方式的安乐死"。可以想象这个非议对罗马教廷来说多么严重，梵蒂冈当局马上出来反驳，澄清事实，但很多人认为重症护理专家的意见绝非空穴来风。

唉！生死事大，人多嘴杂。看看！即使好上帝和好教皇也无法做到面面俱到、有口皆碑呢。

2012 年 6 月 5 日

跑题嘉宾

北京电视台一个编导来电话邀请做节目，我问聊什么，她说，聊个医学博士同意父亲放弃治疗的事。

博士叫陈作兵，是浙江一家大医院的医生，是家乡村里唯一的博士。他同意父亲在癌症晚期放弃治疗的自主愿望，把父亲送回老家，还叮嘱家人，一旦呼吸心跳停止不要抢救。据说父亲在老家度过了一段相当安静的生活，做了些自己想做的事情，最后时刻也没抢救。父亲去世后，陈作兵将这段经历写在微博中，没想到引起巨大争论，弄得电视台都想做节目了，可见争论热到什么程度。

如约去电视台，却第一时间听说陈作兵没来。编导解释说，一直说来的，结果却不来了。我说，有压力吧？编导卖个关子说，一会就知道了。

进了演播室，播放小片。陈作兵在片中说他的微博发表之后，有许多人在网上甚至在电话里骂他。编导问，骂什么呢？他说，不孝顺。再问，说，都是些脏话，没法说。现场音响原因，我就听到这么多，没听见这是否他爽约的原因，但估计是。

"不孝顺"的陈作兵缺席，节目怎么办？难不倒年轻编导，请来两位公认的孝顺嘉宾侃侃而谈。两位嘉宾都是大孝子，一位叫王希海，是全国道德模范，全国"十大孝子"。我真孤陋寡闻，只知道中国古有二十四孝，却不知道当代也有"十大孝子"。王希海先生照顾瘫痪父亲26年，并因此放弃工作，没有家庭。重病的父亲去世前连一次褥疮都没生过，干过临床的都知道，这可是护理到位的硬指标。另一位嘉宾姓何，至今照顾健在的100多岁的老母亲，早晚侍奉，倾尽人子之情。说实话，我真被两位孝子的故事震动，尤其是全国道德模范王希海先生。主持人问他父亲去世后怎么安排生活，他没正面回答，只说自己在澡堂看到高龄浴客，情不自禁地去帮他们搓背，浴客感激万分而他自觉十分幸福。我却惆怅，王先生孝敬父亲自然感天动地，但显然，父亲去世后他的生活失去了主要内容，难免空落。

主持人问大家对陈作兵怎么看。两位孝子都说不能接受。我和另外两位嘉宾与他们意见不同。我们都表示对陈作兵很敬佩。我尤其说出我的敬佩是来源于陈博士在基本医疗原则明确的情况下，支持了父亲的想法，放弃治疗不是他的决定，而是他父亲的。和我意见相同的嘉宾之一是松堂医院的护士长。她说，在他们那里住院的末期病人的家属问到她最多的问题是：我把亲人送到这里（一般来说，进入松堂医院的病人都是放弃积极治疗的末期病人），是不是不孝顺？护士长说，我总是告诉他们，放弃治疗也是一种孝顺。

这之后现场就什么是孝顺开始讨论。各人有各人的看法，说得很热闹。所有人性弱点、社会不公、贫富差别以及这种差别如何影响了人性等都谈到了。主持人也和我们分享了他对待末期亲人是否放弃治疗的纠结。我有点坐不住了，暗自着急，因为对"孝"我向来困惑迷茫，不得要领，不明白为什么中国人迷恋这种复杂沉重的"美德"。依我之见，对家庭和家人，一个"爱"字就够，很自然、很平等也很浅显。而一说到"孝"，我总想起二十四孝里那些埋儿奉母、尝粪忧心、戏彩娱亲之类或可怕或恶心的故事，其中的宗法暴力和非人折磨是我早年读过的最恐怖的故事。当然我没自不量力，要在现场挑战孝道，我只是担心没机会说我想说的话可怎么行？

感谢主持人讲完自己的故事就问我为什么要办个叫"选择与尊严"的网站。我心中大喜，可让我说话了啊！我就说：对孝顺、社会和人性，咱都可以有不同的看法。可是对人最后都要死这件事恐怕没争论。如果人都要死，那怎么死就是一个问题。而且这个问题还很有点现代性，因为在医疗技术不太发达的过去，人们大多要死的时候就死了，以很自然的方式离世。但是现在人工生命技术可以使人的自然生命功能丧失后，也就是没有自然呼吸、心跳和血压后，用人工呼吸、人工心跳和人工血压，把人留在生死之间很长时间。在这段时间里生命无质量，病人有痛苦，家属没希望。我们弄的这个"选择与尊严"网站，是想告诉大家，在这种情况下，人有权利选择要或不要人工生命，要或不要以自然的方式离世。我们还弄出一个叫"我的五个愿望"的生前预嘱文本。大家只要愿意，就上我们网站打开这个文件，在列出的问题中打钩或者不打，选择"是"或者"不是"。等你从头打到尾，回答完所有问题，你就能让你的家人、医生和朋友知道你到底要什么。

说这些话的时候，我觉得自己有点对不住编导和主持人，因为我有点跑题。这些急于出口的内容和人家节目设置的陈博士是否孝顺的话题显然不搭。幸亏主持人很大度，他问，这个文件合法吗？我再次大喜，因为这个问题又问到我的心坎上。我赶紧说明：拥有或使用这份文件不仅不违反中国大陆任何现行法律，《中华人民共和国宪法》中对于公民健康生命权的认定，前些年通过的《侵害责任权利法》，以及在临床上实行多年的保证病人知情同意权利的习惯做法实际上都支持这种想法和做法。主持人会心一笑。

我看他再次原谅我的跑题，就又变本加厉。在两个鹤发童颜的老人表示自己只要健康就想多活几年，并希望儿女孝顺之后，我非常配合和自觉地回到关于陈博士是否孝顺的主题。我说，对于像陈博士父亲这样放弃治疗的末期病人来说，专业人员的判断非常重要，只有对疾病是否处在末期和是否不可治愈有准确的医学判断，才有讨论是否放弃积极治疗的空间。而且，社会和医学都应该对这种病人提供更多的服务和照顾，比如安宁病房、缓和医疗，等等。这种医疗模式不再以治愈疾病为目的，而是承诺对所有末期病人发生的不适和痛苦提供解决办法。完全意义上的尊严的死亡，一定要包含这样的内容。

本来我还想说，要是陈博士的父亲最后能得到这样的照顾，那谴责陈博士不孝的人可能会少一点，不过时间不够了，主持人说录制到此结束。

虽然主要嘉宾没到场，虽然对于什么是孝顺，对于什么样的选择才能实现死亡尊严，大家七嘴八舌没结论，虽然有我这样不靠谱的跑题嘉宾，但我设想这个节目还会是个好节目。因为大家都认真听了别人要说什么，也说了自己想说的话。更重要的是，节目中所有让我们听见生死故事的人，无论是陈博士还是王希海或者何先生，都不是只倾听或者只说话的人，他们用自己的行动和实实在在的生活，坚定地实践了自己认定的价值和观念，这可太叫人敬佩了！

2012 年 6 月 12 日

献给莹莹

莹莹是个电脑高手，也是个内心丰富的科幻迷。她不仅对所有或科幻或神秘的事件有特殊兴趣，还对著名推理科幻小说"卫斯理系列"有不俗的看法和系统研究。她是北京女孩，活泼聪明，善于幻想，也善于行动。2003年她和同道创办了"卫斯理网站"，发表自己写的科幻小说和对"卫斯理系列"的评论，创办了网上"卫斯理协会"和神秘现象研究会，她自己是所有这些网上机构的管理者。莹莹的出色表现，惊动了卫斯理之父倪匡，弄得这位香港大作家不敢怠慢，又给莹莹签名寄书，又听从她的指引，上她们的网站和网友互动。

听我说这些，你可能不会想到，莹莹是个从小患有重病，被医生判定绝不会活到青春期的人。莹莹的病是"婴儿型进行性脊髓性肌萎缩"，是一种至今无法治疗的基因型运动神经元病，主要表现就是全身肌肉骨骼发育极度不良。所以莹莹从小不能站立，除了脑袋，全身都是瘫软的，连躺的姿势也要别人来摆。莹莹的头很大，发很黑，只是身体发育慢，一直像四五岁的儿童。幸亏莹莹有疼爱她的父母和家人，冲破了数不清的障碍：喂养困难、肺部感染、心理困扰。莹莹的父母是知青一代，可以想象他们怎样含辛茹苦，硬是将孩子带过了婴儿期、儿童期、15岁、20岁，去年莹莹30岁。

莹莹可能正因为身体残疾，所以智力特别发达。更难得的是，莹莹善解人意，热爱生活，尽管自知死亡就在近旁，却从未有一天放弃爱人爱己、自重重人。

但是，强大的死神还是来敲门了。去年年初，莹莹突然发生心跳、呼吸骤停。家人将她送到医院，恳请医生积极抢救，因为他们和莹莹一起经历过太多次的危机和死亡。

医生第一时间给莹莹用上生命支持系统。但是，因为莹莹的发育与常人不同，肌肉和骨骼极其幼小脆弱，呼吸机和心肺复苏术对她造成的戕害就特别重大惨烈。

莹莹的母亲是"选择与尊严"网站志愿者周大力女士的同学。当大力赶到医院的时候，看到的是莹莹躺在拥挤杂乱的抢救室里，弱小的身体在呼吸机的带动下被动地一起一伏。呼吸机的管子硬硬插在嘴里，嘴巴周围和脸颊上都是血。静脉通道已经无法工作，应该输进去的液体都在皮下渗出。这是循环衰竭的明显征象。大力难过极了，尤其医生明确说莹莹实际上已经脑死亡，大力明白，任何抢救都已无力回天。

大力说服了伤心欲绝的家人，决定放弃抢救，不让莹莹再受苦。但出乎意料的是，医生不干！他们也有硬道理：脑死亡不是临床死亡标准，莹莹虽然脑死亡，虽然没有自主呼吸，虽然循环全面衰竭，虽然肌肉骨骼的结构早已破坏，但是心电监护仪上还有心跳，所以他们不干，就算家属放弃也不行。这种事不符合临床操作常规！医生说出来的是那句我们司空见惯、最没人性的话：谁负责任？

大力开始找人，找医生认为能负责任的人。一共两个要求：一是停止已经无意义的"抢救"；二是把莹莹挪到一个安静私密的地方，让家人送她走。

幸亏大力认识很多人，找我，我帮不上忙；她再找别人，王梅也是网站之友，自己的亲人也在病中，二话不说抓起电话，打给医院领导、卫生局领导、卫生部，就两个要求：一是停止抢救，二是找个安静的地方。从中午直到晚上十一点半，大力和王梅打了不知多少电话，惊动不知多少人，可这两个要求都没能被满足。一堵坚硬无比的铜墙铁壁横在面前，生死尊严，善良仁爱，人性担当全都跌倒尘埃，噤若寒蝉。就因为那句话：谁负责任？

后来家人坚决要求停止输液，心电监护仪上的曲线终于消失，这才同意撤掉呼吸机，这才停止一切"抢救"。

最后，医院只同意拿一个屏风遮挡，让莹莹的亲人能不在大庭广众视线下给她擦洗穿衣……

大力后来告诉我：莹莹的嘴一直闭不上，因为呼吸机一直插在那里，就算最后拔出来，可嘴闭不上了。我心下明白，这是因为呼吸机拔出来的时候莹莹早已去世多时，要不然怎么会连肌肉都僵硬了。

我知道莹莹必死无疑，但噩耗传来，我仍然在瞬间崩溃。虽然从未谋面，所有消息都是听见，但作为活着的人，还是长辈，我内心被巨大的羞耻填满，觉得自己太对不起莹莹！这个女孩与世无争，自尊自爱，与残酷命运温柔和解，那么艰难地走完自己充满艰辛和病痛的生命。可我们这些生来健康的长辈，对她除了疼爱呵护，尽量不让她受到丝毫伤害，却在关键时刻束手无策，一筹莫展，让她这么艰难痛苦地离开世界。我们到底怎么了？是谁或者是什么，陷我们于这等不仁不义、耻辱和非人？

泪雨滂沱之后，我对自己说，要多做事。自己也好，别人也罢，既然人生来注定要死，就有权利死得不太难看。这样子做了，有一天真的见到莹莹，才能不这么羞愧。

亲爱的莹莹宝贝，你妈妈说你出生的那一天，医院产房里一共出生了七个女孩，大家都说那天是生七仙女呢。如今一转眼，你去世一年了。我应该对你说些什么呢？可说的东西还是很少。因为大多数人对临终放弃抢救这件事或者还不了解，或者不以为然。临床医生中还是很少人知道怎么帮助临终的人尽量无痛苦地有尊严地离世。偶尔有这样的事例发生，当事人还是受到不少压力和非议。

不过我会记住你和你的故事，鼓励自己做应该做的事。你爸爸妈妈现在都在帮助我们网站，对志愿者和问卷调查工作有很大支持呢。你妈妈前不久写了纪念你的文章《送给天堂的女儿》，大力阿姨也给你写了文章，我都贴在"选择与尊严"网站里了。我把你的照片和博客也都贴上了，想让更多的人知道你的故事，想让你和我们一起，在帮助自己的时候也帮助更多的人。

所以，这篇小文献给你，亲爱的莹莹宝贝，愿你安息。

2012 年 6 月 19 日

当医生成为病人

如今报刊、影视说到医患矛盾的时候，常常引用一位名叫特鲁多的美国医生的话：偶尔治愈，常常帮助，总是安慰。

特鲁多是谁？他为什么说这个？他说的对吗？

在我看来，与其说特鲁多是个医生，不如说他是个病人，因为他一生中当医生的日子还没有当病人的日子多。

1837年，只有24岁的特鲁多只身来到人烟稀少的撒拉纳克湖畔等待死亡，那时候他还在医学院学习，也就是说，他还没来得及当个像样的医生就得了肺结核。那个年代，肺结核可是不治之症。

远离城市喧嚣，他能做的只有等待死亡和回忆过去，间或也上山走走，好的时候打打猎，充其量就这样打发时光。可是没过多久，他惊奇地发现自己的体力在恢复，恢复到他又有了学习的兴趣和能力，不久，他居然顺利地完成了未竟的学业，获得了博士学位。于是，特鲁多继续回到城市里行医。奇怪的是，每当他在城里住上一段时间，结核病就会复发，而一回到撒拉纳克湖地区，又会恢复体力和心情。1876年，特鲁多干脆全家迁居到了荒野之地撒拉纳克湖畔。1884年，特鲁多用朋友捐赠的400多美元，在这里创建了美国第一家专门的结核病疗养院"村舍疗养院"。19世纪末期，特鲁多一直走在结核病治疗和研究领域的前沿，成了美国首位分离出结核杆菌的人。他还创办了一所结核病大学，对病人生理和心理上的许多照料方法被沿用至今。1915年，特鲁多死于结核病，毫无疑问，他比当时许多结核病人活得长久。他被埋葬在撒拉纳克湖畔，墓碑上刻着他行医生涯的座右铭："偶尔治愈，常常帮助，总是安慰。"

不难理解，这话与他自身际遇紧密相连。虽然作为医生，他对结核病研究和治疗多有建树，但作为病人，他又深感其中的无奈和局限。对病人也好，对自己也罢，尽管他的"偶尔治愈，常常帮助，总是安慰"饱含关爱，但更像不得不为之的无奈之举。

如今，特鲁多已经死去将近百年。自抗生素发现以来，不仅结核病已经能够被治疗、治愈，许多当年的所谓不治之症都已经被攻克。甚至连天花这样的世界性疾病还被医疗界宣布过从此灭绝。那么，特鲁多在特定年代里对特定疾病治疗的无奈，如此这般的"偶尔、常常、总是"，应该早已过时，可为什么，这番话还被屡屡提起？还能打动人心？

我来试着找找原因。有些统计结果也许能帮我说话。

一些科学家认为，人类在现代以来平均寿命的延长，并不完全依赖，或者完全不依赖临床疾病被治愈，而是更多依赖，或者完全依赖人类基本生活条件的改善。比如说对自然灾害的抵御能力、更少的饥饿、更文明的生活环境，包括更卫生的饮水和更有效的垃圾处理等。而现代生物医学是否对人类疾病总发病率降低有作用，或

撒拉纳克湖畔克鲁多医生雕像

者对治愈率有提高作用，则一直只有争论没有定论。一些常见的说法是：古老传统的传染病发病率虽然降低了，但老年病，如心脑血管病、糖尿病和癌症等却随着平均寿命延长而增加了。与环境和人类生活方式改变紧密相关的新疾病，如艾滋病、营养过度性疾病、禽流感、"非典"等新传染病的出现，则使情况更加复杂。众所周知，对于这些疾病的治疗，远远不像对古老传统疾病治疗那样取得过突破性进展。

不仅如此，人类的死亡方式也出现重大问题，20世纪后半叶随着急诊抢救技术兴起的生命支持系统，可以通过人工呼吸、人工心跳和人工血压维持，让人在生命末期维持没有质量的生活，说穿了就是无限期地延长死亡过程。而这种做法在不合理消耗社会资源的同时更给患者和家人带来深重苦难。所以，现代生物医学发展面临的无奈和困境又一次清晰地显现在人类面前。这种情景和特鲁多医生百年前体验到的那种无奈和困境，虽然背景不同，但其强度有过之而无不及，至于本质，则非常相似。

所以，穿过百年沧桑，人们再一次将目光投向撒拉纳克湖畔这座与其说是医生不如说是病人的坟墓。我喜欢特鲁多这座雕像，尤其喜欢雕塑家细心塑造的盖在他下半身的那条毛毯。这条毯子不仅让特鲁多的病人模样显露无遗，更表达了任何乐观或浪漫主义都无法消解的有关生命存在的恒久寒冷，触动我内心深处那抹对激进科学主义甚至理性精神的挥之不去的怀疑。不过我承认，正是这种寒冷和怀疑，才让特鲁多的墓志铭"偶尔治愈，常常帮助，总是安慰"显得格外温情和柔软。

我还得说，这话说得接近真相，打动人心，还要归功于特鲁多当医生的时间不如生病的时间长。这让他不光站在医生的角度，也不光站在病人的角度，而是站在人的角度说话。我们现在医患关系紧张，原因多样，但原因之一会不会是有的医生以为自己只是医生，没想到自己有一天也会成为病人呢？一个病人成为医生的可能性不大，但一个医生有一天成为病人的可能性就很大。我们当然不是希望所有医生都生病，而是说，当医生成为病人的时候，当病人和医生都能进入普世人类逻辑的时候，事情和话语就可以这样自然而然地有了些温情和人味，就可以带点隽永意味地穿越和超出个别历史事件。

2012 年 6 月 26 日

别让医生杀了你

1973 年，以色列全国医生罢工一个月，根据以色列全国殡葬协会的统计，在那个月里，以色列全国死亡人数下降了50%。当这个统计结果发表在一本当时有名的医疗杂志上的时候，许多以色列医生表示了极大不满，他们认为这现象说明不了任何问题，死亡人数下降和医生罢工之间的关系完全可能是偶然。但是，事情非常戏剧化，1983 年，喜欢罢工的以色列医生再次罢工 83 天，好事的以色列全国殡葬协会再次对这 83 天全国的死亡人数进行了认真统计。结果竟然和上次一模一样，也就是以色列全国死亡人数在这 83 天里再次下降50%。大同小异的事情也发生在美国，尤其是这回的统计结果不是由什么殡葬协会发布的，而是来自医疗系统本身。1976 年美国洛杉矶医生罢工，这期间，全市医院减少了60%的手术，结果是全市医院死亡人数下降18%。虽然仍然挡不住有人提出这些统计结果可能是偶然发生的，但医疗活动对人类健康的损害却因为这些事实，成为一个不可忽视的问题。

世界卫生组织发布一组世界死亡原因数字如表所示：

世界死亡原因排位	每天人数
1. 清洁饮水和基础医疗	30000
2. 吸烟	14000
3. 医源性伤害	10000
4. 与艾滋病有关	8000
5. 交通事故	3000
6. 自然灾害	100
7. 恐怖袭击	20

我们可以从中看到，由于医疗行为的伤害，也就是人们得了病去看医生，医生给你打针、吃药、检查、手术，全世界每天要死掉 1 万人，排在死因第三位，远远超过交通事故、自然灾害和恐怖袭击。

中国目前没有准确的医源性伤害数字，据卫生部门统计，每年约有 250 万人因药源性疾病住院，死亡 19.22 万人。

本文题目类似惊悚电影，它不是我发明的，而是抄书，还是本十多年前的旧书。《别让医生杀了你》出自英国 BBC 卫生节目主持人 Vernon Coeman 笔下，完成于 1996 年，在全世界尤其在欧美国家和地区畅销不衰。在序言中作者说："本书的写作目的很简单：建议你对医生抱一种客观的认识态度，告诉你医疗过程中需要注意的事项（包括医生是如何误诊的），以及建议你如何保持健康，从而尽可能远离医生！……人们除了需要对医生带来的危险保持清醒外（如果你想健康长寿，就需要对医生和其他医务人员保持一定程度的怀疑），还需要尽可能地将生活的选择权掌握在自己的手里，最重要的是，要明白对自己的健康负责的重要性。你必须保持独立；你应该学会适当地提问；你要了解在服药的时候需要注意什么，以及如何成为一名独立思考的医疗消费者；最后，当你需要医疗帮助时，还应该知道怎样才能最大限度地正确发挥医院和医生的作用。"

在公共传媒将养生节目炒得热得不能再热的时候，热心观众们能不能听听另一种关于自我保健的声音？不仅热心观众听到，中国卫生节目的制作人和主持人最好也听到，这种表达是不是更有趣和更智慧些呢？

我同时发现了一些类似的好书：《不生病不等于健康》《致命药方》《营养品的真相》，读者不妨买来看看。

这些书都归在养生类里，有人说还不是为了好销售！不过照我看，这些不是建议人们吃这个吃那个做加法来养生益寿，而是建议人们做减法，也就是警惕过度医疗的书，是更合时宜的养生书籍。

还得补充一句，本文开头那些有趣的故事，也是抄自这些书呢。

2012 年 7 月 3 日

著名医疗受害者

一天，一个貌似魁梧的看似强壮的爱尔兰人找到一位医生，他问："请问您放一品脱血收多少钱？"医生说："一品脱可以不收钱，要是再多就要收费了。""那么，以圣彼得的名义，"这位爱尔兰人说，"请您从我身上取走满满一品脱血吧，千万别少了。"这是发生在19世纪美国的事。

1800年前后，放血在北美非常流行，它被认为可以治疗从头痛脑热到中风和昏厥的大小疾病。因为此地是著名的医生本杰明·拉什（Benamin Rush）倡导这一危险手术的地方。所以民众对这种后来被主流医学界完全抛弃的疗法倍加信任。比切开静脉放血稍温和点儿的疗法是把蚂蟥放在患处，让蚂蟥叮咬导致"污血"流出。欧洲和美国的医生从俄国进口大量医用蚂蟥，不仅让俄国的蚂蟥饲养业大赚其钱，还让所谓"医用蛭"成为西方有钱人才用得起的救命宝贝。根据可靠的史料记载，美国卸任总统乔治·华盛顿1799年冬天在自己的家乡弗农山庄的死亡，就肇因一次严重感冒后的疯狂放血。

据说，在不到 4 天的时间里，这位身经百战的美国开国元勋被自己的医生放掉了全身 1/3 的血液。

1926 年 6 月 2 日，北京的《晨报副刊》上发表了一篇梁启超的文章，题目是《我的病与协和医院》，文称："据那时的看法，罪在右肾，断无可疑。当时是否可以'刀下留人'，除了专家，很难知道……"这些话和发生在梁启超身上的一起医疗事故有关。

1926 年 3 月，梁启超因尿血入协和医院诊治。诊断结果为一侧肾患结核已坏死，决定手术切除。手术由协和医院院长刘瑞恒主刀。刘瑞恒判断失误，竟将健康的肾切去，而留下了坏死的肾。这是导致梁启超壮年逝世的直接原因。对这一重大医疗事故，协和医院封锁了信息。事故的责任人刘瑞恒事后被调离了医院，到卫生部做了政务次长。直到 1949 年后，协和医院的医学教学在讲授如何从 X 光片中辨别左右肾时，才举出了这一病例。2006 年协和医院举办了一次病例展览，其中就有梁启超当时的英文病例。《我的病与协和医院》也在其中，不过，这是他当年写的一份英文声明，只是后来被翻译成中文发表在《晨报副刊》上。梁启超之所以写声明为协和辩护，是因为不希望别人以他的病为借口，阻碍西医在中国的发展。但梁启超确实因为这次医疗事故英年早逝，则是不争的事实。

一位是美国之父，一位是中国思想界先驱，这是我目前知道的最著名的两位医疗受害者。说他们，当然不仅仅因为他们有名，而是因为他们的遭遇，迄今为止仍然代表医疗事故发生的两个重要本质。华盛顿的例子说明了临床医疗在发展过程中的局限。梁启超的例子则说明从事医疗专业的人，不管他们有多好的愿望和技术，却因为他们是人，所以一定会犯错误。

正因为如此，现代医疗系统中发展出许多制度和办法，目的是把医疗事故降到最低。比如医院和病案管理、各种医疗操作常规、三级查房等，一旦发生医疗事故，最重要的是查明原因，警告后人。

似乎很少有人想到，医疗事故的本质和交通事故非常相像。所以我非常赞成有人强烈建议的，要像上交强险一样给各种医疗行为上保险。不幸的是，在我们的现实中，医疗事故的发生往往被赋予比交通事故更复杂的社会和道德意义，这让医患双方都倍感压力和痛苦。这个原因我想非常清楚：不是别的，而是政府主导的医疗行为过度市场化和商业化造成了这个恶果。当医疗行为背离了公益救助的本质，甚至背离了有限的技术本质，医患双方不再互相信任的时候，医疗事故本质怎能不跟着变化？什么时候无良医生草菅人命不再成为医疗事故发生时当事人的第一联想，什么时候我们的医疗事故处理能像交通事故处理一样有可靠的第三方鉴定和坚实的法律基础，医疗事故虽然不能杜绝，但能变得被人容忍和接受。

2012 年 7 月 10 日

儿童真知道什么是死亡吗？

我们协会出了一套三本生命教育绘本，跟5—10岁的孩子谈死亡。书印出来可真漂亮，比看画稿强了许多。

上周末，我与同事江伟带着油墨飘香的新书，赴长沙参加中国抗癌协会肿瘤心理学专业委员会年会。接机的是在长沙李嘉诚宁养项目中服务的一位女性。她说他们跟终末期患者谈死亡是件困难的事情，患者抵触情绪大。他们曾用过一本外国绘本当作谈话的引子，不想这本叫《爷爷变成了幽灵》的绘本，题目中的"幽灵"两个字先就引起了听者的不快。我推广儿童绘本心切，就振振有词地说了一通生命教育不应当在危机来临才展开，而是要尽早，还说发达国家的经验要从儿童开始。而绘本是协会在这方面的一个尝试，从小知道什么是死亡的人，对临终也许能有更温和、更自然的了解。

到了会场该我讲演，二话不说我上来就讲绘本故事，说的是一只叫布布的小象在爷爷死去之后和它妈妈谈论死亡。虽然妈妈告诉它大象老了、病了都会死去，但是小象布布还是想出了一个生生世世与妈妈永不分离的办法。志愿者续亦红老师的画作十分精彩，同事给幻灯片配了音乐，而我小学就参加过少年宫朗诵班，做到吐字清楚、适当地抑扬顿挫也不困难，所以我一张嘴，心里就有点得意。四周静下来，只有画面、音乐和故事三位一体，如溪水淙淙流淌。按我一个神神道道的朋友的说法，全场中人，不管是听的还是讲的，心灵都在一个层面上震动。

故事讲完的时候，我忽然想起一则刚刚听到的新闻，小得意就此烟消云散，重重忧虑袭上心头。新闻标题是《5 岁女孩自己选择离去》。一个生下就患重病的英国女孩，她的父母在知道孩子无可救药的情况下，向她讲述天堂的美丽并相约天堂再见。女孩深信去天堂没有痛苦，还能与亲人重聚，于是表示愿意去那里。最终，她在父母的怀抱中安然离世。

新闻配了图片，乖巧女孩的死亡故事让许多人动情动容。也许是做生前预嘱推广时间久了，思维固定，我说了我第一时间的感觉。我说父母作为成人，这么做是不是显得有些胆怯和自私？先编织童话让孩子深信不疑。孩子虽然做出选择，但其实 5 岁的孩子并不知道什么是真实的死亡。我还说，推广生前预嘱强调选择与尊严，一定得是本人意愿。但是，这只适用于有完全责任能力的成年人，对于未成年人，尤其是儿童，做决定和选择的，一定得是他们合法的监护人。对成年人来说，将选择的权利交给人格不成熟的未成年人，无论如何都有问题。但是我的言论马上受到多方质疑。有人说对即将离世的人，不管是不是孩子，有对死后生活的想象，能产生某种形式的神圣感，什么时候都不会是一件坏事。有信仰的人说，死后天堂对他们来说并不是童话，而是确定无疑的事实。还有人说，没

三个绘本书

人知道死亡到底是什么，只要能使离去者感受到真正的灵魂安宁就行。这些言论后面都有强大的精神和理论支持，虽然问题可能不在一个层面，但确实难以简单分出对错。

儿童生命教育绘本一套三本，分别为《嗨！你这个小男孩》《小象布布》《死亡是什么？》，从策划到成书一直有争论。有为人父母者反对以任何形式和孩子谈论死亡，他们觉得这套绘本的内容对他们的孩子来说太过"残忍"。也有的意见正好相反，他们认为既然要做生命教育，就要把死亡讲透，像绘本这样温情脉脉、欲言又止，说了还不如不说。

我的忧虑则是，我们虽然出了绘本，虽然一经推出就广受欢迎，虽然我们可以振振有词地到处去说生命教育应从儿童做起，但是，到底应该从多小的孩子做起，到底讲死亡该讲到什么程度，到底用什么方式能让他们镇静而愉快地接受，我们其实并不知道。怎么办呢？唯一的办法是请大家帮助。咱们就从议论开始吧，我说了这么多，你的意见是什么？请告诉我们。

我想我这句话可能没说错：绘本是协会在这方面的一个尝试，从小知道什么是死亡的人，对临终也许能有更温和、更自然的了解。

2016 年 6 月 24 日

让亲爱的妈妈在家中离世

老妈妈90多岁，晚年与两个女儿和一个外孙共同生活。姐妹俩都是我的朋友，是生前预嘱推广协会的早期创立者，还是两个大大的孝女。

一家四口相依为命，尤其是女儿照顾妈妈，可以想象有多周到，饮食起居，无微不至。逢年过节，漂亮老妈妈精神矍铄的照片，是姐妹俩发到朋友手机上的最好的节日礼物。

大约两周之前，老妈妈突然软软地跌了一跤，虽未伤筋动骨，但情况大不如前。行动饮食渐次减少，昏睡床榻的时间越来越多。姐姐有医疗常识，心下明白妈妈的最后时刻已经来临。

周五协会本来有会，姐姐打电话给我说，妈妈情况不好，不能来开会了。我按常例询问病情，并问是否已经送医。她说，就是跌了一跤，就是慢慢虚弱，没送医院，不愿意折腾。想她此刻正忙，不好再问许多。

但电话过后放心不下，我又发短信给她。她回我短信："放心，已经做好功课。"短短数字，一片自信祥和。第二天，协会诸同事又短信询问，她的短信仍然短而平静，只有"谢谢"两字。第三天，我忍不住还想再问，但想到姐姐一贯坚定，家中诸事均由她做主，此刻未必有空，而妹妹温婉周到，也许打电话给她比较合适。

果然，妹妹先在电话中款款谢了我的关心，然后告诉我老妈妈周五当天就在家中安静离世。我问后事怎样处理。她说，都处理完了，家中亲友吃完这顿中饭也就散了，妈妈生前就不愿意麻烦大家。放下电话，感慨万千。

短短三天，对这关系最亲密的母女三人来说，却是永世的阴阳两隔，虽然不显山露水，但其经历、情感一定非凡。

后来得知的情况是：老妈妈弥留之际，妹妹曾去社区医院求助，想请专业人士到场指导，使诸事更加妥善。不想却被告知此种情况不出诊，要不就回家给病人做点红枣人参汤。不说此类建议多么荒唐不靠谱，只说其时病人早已滴水不能进。好在老妈妈未多拖延，安静离世时神情安详。

为了获得死亡证明，两姐妹按惯例请急救人员到场。没想到他们明明看到逝者已去，生命体征全无（这是徒手检查完全可以判定的），却执意要做心电图。心电图显示直线，仍然执意要送入院。这些所谓"急救人员"还摆出臭脸，说出许多不是人话的话，再后来竟然说走就走。为了逝者安息，妹妹追上去给钱。原来，给了钱才能不去医院，给了钱才能得到一纸证明。

幸亏接下来的事情让人欣慰。老妈妈在家入殓时到场的几个殡仪人员举止轻柔，言语有礼。这些"80后"的大孩子非常敬业，擦洗穿衣时竟然懂得轻轻感叹：奶奶好干净啊！

告别和火化仪式也顺利温暖。到场的没有一个外人，全是至亲。大家自始至终全神目送一生圆满的老人驾鹤西去。

将母亲的骨灰安葬在去世多年的父亲身边时，两姐妹心中是满满的对生命和养育的感念。

这是刚刚发生的事情，让我觉得这三位女性都很伟大，因为她们在生死面前的镇定和优雅真的有点不平凡。

死亡是一面镜子，既能照出人性美好，也能让某些人显得龌龊不堪。好在死亡还是所有人的归宿，无论什么样的不堪，最终都会被它原谅。

我想说的是，在两姐妹刚刚经历的这件事里，尽管逝者和家属表现如此优异，但最应该施以援手的医务人员却显示出最不近人情的一面。

当然，除了人，这里还有制度上的原因。我听另外的朋友说起过亲身经历：他们的高龄老人也如姐妹俩的老妈妈一样，在家中安详去世。他们却不得不按照这个奇怪的"惯例"，把已逝者送进医院。更荒唐的是，就算送进医院里还是开不出死亡证明，因为医生说找不出逝者患了什么病，而没有"病因"，就没法写死亡原因。

这说明，在我们的医疗体制内，根本没有自然死亡的概念，人只能是因病或因伤去世，不可能自然死亡。也就是说，我们的医疗体制根本不承认有人能幸运地"无疾而终"。

我们正在推进和倡导的缓和医疗，是通过对医疗本质的再了解和再认识，促进以医务人员为领袖的、对人疾病末期和临终时的全面照顾，是最大限度地创造条件，让死亡既不拖后也不提前，而是以最自然和有尊严的方式来临。看样子我们还要好好工作，我们需要做的事情还有很多。

2016 年 9 月 6 日

不会写文章的肿瘤外科大夫不是好儿子

　　一位住院的肿瘤晚期患者向顾晋大夫提出要回家看看，因为病情太重，顾大夫没同意。这个临床上普通又合情理的决定，却让做出这个决定的人自己产生了深深的不安。因为这位见惯生死的肿瘤外科大专家想起了自己的亲人。六年前，顾大夫的母亲也在因癌症晚期住院时提出要回家看看，而当时顾大夫找准"时机"满足了母亲的愿望。他说，在生命最后，大多数患者都会很想回家看看，这个愿望里包含了他们对即将离世的接受、对生命的回顾和对亲人的眷恋。而无论家属还是医生应当满足这种珍贵的要求。他甚至建议，家人或医生应该适时询问病人"要不要回家看看"。可是现实中这不仅是一件非常困难的事，甚至是当病人提出这一要求的时候，像文章开头的那位病人一样，因为种种原因，失去了实现这个重要愿望的时机。

　　顾晋大夫的这本《无影灯下的故事》书中处处是这种对疾病和生死的别样观照。说它别样，是因为这种观照细腻到极致。他会问

"世界那么大，为什么病人来找我看病"这样的怪问题，他在思考什么是"坏消息中的好消息"上花了很多工夫，他对病人往往有强烈感知，说他们"有时像孩子"。

24岁的电台女编辑洋洋，走进顾大夫的诊室时完全看不出是个病人。这个直肠癌患者的病变位置非常低，为了救命，顾大夫不得不给她"造口"，就是在下腹开个洞，连接一个"粪兜"。可以想见这对一个未婚的年轻女孩来说有多残酷。顾大夫用尽一切办法帮助和鼓励她，包括将一只英国造口协会送给自己的棕色小熊送给她。可病魔凶残，一年半后坚强地接受了后期治疗并已经盼望康复的洋洋，癌症复发且多处转移。洋洋再次来到医院，顾大夫详细检查后自知回天乏力，他对患者父母说出医生最不愿意说的话："带洋洋回家吧。"顾大夫没有勇气跟洋洋告别，透过玻璃窗他看到"洋洋的腋下还紧紧抱着那只棕色小熊，可能是用力过猛吧，小熊显得有些扭曲，脖子上的红丝带被揪得高高的"。写出这种文字，得有一颗多么柔软的人心啊。

顾大夫出身医生世家，父亲顾方六是我国著名泌尿外科专家，母亲的专业是内分泌科，哥哥的专业是骨科，姑姑的专业是妇产科。他自己是全国人大代表，还是许多国际权威组织的重要成员，比如美国外科学院、法国国家外科科学院、美国结直肠外科医师协会等。可在生活和感情世界里，他又是一个和你我没多大差别的人。他在病房里挂上本科医生的家庭生活照片，想提醒人们同为人子人父，医患之间关系平等。当他取得重要成绩的时候，他最想做的事情是跟先后离去的父母"说说话"。他非常想告诉他们，自己的妻子儿女很好，和哥哥关系更亲密了，哥哥的孩子也很好……

最后，他还能在繁忙的职业生涯中码出这么些字，不谈学术，不谈专业，满纸皆是医者仁爱和常人喜怒。

这样的书，真的该买该读。

顺便说一声，第211页顾晋大夫的照片真是帅得没边儿。

想知道又会写书又是父母好孩子的肿瘤外科大专家长什么样儿？买书！

2016 年 10 月 6 日

琼瑶的美好告别不是安乐死!

琼瑶写给儿子和媳妇的公开信《预约自己的美好告别》,引发了又一轮对生死尊严的热烈讨论。可也有奇怪的事情发生:昨日《北京青年报》第二版"每日评论"的一篇文章《琼瑶式"尊严死"离现实还有多远》,作者竟然自始至终将琼瑶要求的"尊严死"与"安乐死"混为一谈。这个错误非同小可,我猜能让情感细腻的"琼瑶阿姨"吃一惊并伤透心。

安乐死被许多国家法律明令禁止,因为它是医生协助下的自杀。由于涉及积极致死行为,从它被提出的那一天起就遭遇伦理、道德和法律的巨大争议,目前只有少数国家如荷兰、比利时、瑞士实现了安乐死合法化。

尊严死的概念使用则比较晚近,通常是指在不可治愈的伤病末期,根据病人自主愿望,不使用生命支持系统,即不使用电击心脏、人工呼吸、气管插管等抢救手段,让其尽量无痛苦、有尊严地自然离世。由于它更符合多数人的文化心理,较容易被认可和接受。如今，许多国家和地区对这种不涉及积极致死行为、更接近自然的尊严死，不仅默许鼓励，不明令禁止，甚至还通过立法来确认和规范这一权益。

琼瑶在信中提到的台湾地区通过的《病人自主权利法》和在五点声明中反复说不要最后抢救，不插任何管子……显然是对尊严死的正确理解。她这句"虽然我更希望立法安乐死，不过尊严死聊胜于无，对于没有希望的病患，总是迈出了一大步"，更说明她清楚知道这两者的区别，而她是在主张"尊严死"而非"安乐死"。

如果您也想预约一份属于自己的美好告别，就别理《北京青年报》那篇错误评论！又如果您能注意到我们生前预嘱推广协会的官网和公众号，知道我们推出了供大陆居民使用的生前预嘱《我的五个愿望》，您就会发现，尊严死离您其实不远。

我昨天给《北京青年报》评论版的主编洪先生打电话，说了他们弄错尊严死和安乐死这事。记得他对我说了声对不起。可我这人有点认死理，觉得他更应该对这个挺严重的误导和错误，在版面上向公众道歉。

尊严死不是安乐死。

尊严死不是安乐死。

尊严死不是安乐死。

重要的事情说三遍！

2017 年 3 月 15 日

放腹水事件

协会励志奖学金与英国圣克里斯托弗护理院合作，为中国培养的首批 15 位缓和医疗培训师，是从全国各地的临床工作者中选拔出来的。他们建了微信群，除了讨论学业，还经常交流碰到的临床问题，有时候碰到疑难病例就成了一次会诊。我在群里是旁观角色，看多了，觉得单叫会诊不对，因为除了诊断和治疗，他们还说许多一般会诊中不会说的事。以最近一次放腹水事件为例。

早上 10 点半刚过，看时间点儿是刚查完房，安徽的殷大夫在群里发消息。

殷：请教一下大家，胰腺癌晚期的，腹水。病人是医生，了解病情。他不能耐受腹胀，老是要放水。我们寄希望于打药以后胀得慢一点。但现在在防腹水和补液的意见上，他和我们不一致，稍微胀一点，就要求放。这种对腹水的控制上，大家有没有什么经验？我们打的 5-fu，好像没有啥用。（病人）除了低钾，3.2，其他电解质还好，ALB35，Hb 122。

第一个接话的是鞍山肿瘤医院的徐大夫，寥寥十余字，有前提，有建议，直奔主题。

徐：如果 PS 评分良，我们更喜欢紫杉 ip

殷：PS 评分还好。啥剂量呢？

为得到更具体建议，殷大夫一一列出病人曾经用过的药物名称（此处略）。

徐大夫当然明白，马上进入细节。

徐：我在胃癌腹水中用过，腹化紫杉醇 90mg×3 次，口服 S1。

殷：他用过紫杉醇白蛋白了。用紫杉醇后评价病情是 PD，这样的情况，腹腔注射会不会也没有用？

第三个接话的是北京协和医院宁大夫。

宁：听到了两位肿瘤科专家的讨论，患者对腹腔给药什么意见？腹腔给药有效性和副反应如何？在此替患者代言一下。

哈哈，忽然冒出一个替患者代言的大夫我一点不意外，这个代言者是宁大夫更不意外。她是励志奖学金资助的第一个到英国培训的医生，也是中国第一个拿到业界公认的缓和医疗圣地——英国圣克里斯托弗护理院颁发的具有培训资格的缓和医疗证书的人。其实之前她在自己的临床实践中早已开展了各项非常有意义的尝试。她在北京协和医院开创的缓和医疗门诊饱受好评。其中一个重要方法，就是以专家身份替患者代言。啥意思？就是从患者角度提出疑问表达痛苦和接受帮助。所以你看她要问患者对腹腔给药有什么意见，还要替患者问：这种给药方式很有效吗？副作用大吗？

殷：宁老师，我们科是老年消化，本身不做化疗，只是很多消化道肿瘤晚期的会住到我们科。但我看到的好多腹腔注射打的效果都不好，所以也很纠结。打了以后发烧的、腹痛的好多……

徐：我是参考 PHOENIX-GC 日本胃癌研究。胰腺癌仅供参考，胰腺癌有效性可能不如胃癌。

宁：看来我猜到你的纠结了 @ 殷。

临床的任何决策其实都是经比较和权衡之后产生的，尤其是末期患者，治愈和好转已经不可能，但是在尽量舒适和尊严的前提下延长尚有质量的生命对患者来说有重大意义。这时候决策就更加困难，病人不理解不同意就难上加难。我觉得宁大夫说她"猜到"的殷大夫的"纠结"就是这个意思。

殷大夫被说中了，索性再多说点。

殷：有效性……我没有看过流行病学资料，但我看到的，因为晚期癌性胸水或者腹水后胸腹腔化疗的老年患者，有效性都很差。今天早上，这个神内科带过我的老主任抓着我的手说："小殷，给我放吧，我没有时间报答你了。"

另外，早上查房，查到另外一个病人，她老公六年前我管的，小细胞肺癌晚期，血性胸水，打铂剂（我忘了是哪个铂剂了），我给他打的，每天抽了胸水后打，然后没有几天就走了。她今早看是我查房，和我仔细重温了那个过程……我好崩溃。

就算不打药，到底放不放水，放出来，电解质紊乱、低蛋白出来得更快，然后要补液，补液都是大水，病人被困在床上，生活质量低。不放，有的患者稍微胀一点都不能忍，这种腹胀，对症治疗药物效果差。

宁大夫厉害吧？替患者代言引出了医生自己的痛苦和纠结。缓和医疗之所以具有极高的人道价值，就是因为其讲究共情。尤其在末期疾病面前，医生和病人更是情感、心灵和利益共同体。宁大夫有点得意，要不她怎么会说"看来我猜到你的纠结了@殷"。

徐：支持营养可以用，末期补液 <1500ml，一般我们参考尿量 +500ml，我们与患者及家属沟通好，不怕脱水状态。

徐大夫的专业经验分享，提出缓和医疗另一重要临床原则：沟通。

殷：这个病人不需要和家里沟通，他自己是医生。我只要说服他就可以了。他不穿 PICC，我也理解他。外周补，也要吊蛮久，而且老年人不管外周还是中心，都快不了。如果置管放水，我觉得有点饮鸩止渴的意思。不放，他还能下来走，还能活动，我怕放了，他就再也起不来了。

前面说过，殷大夫的纠结是每个临床医生遇到末期病人时都会遇到的，这种时候做决策非常困难，有时甚至是痛苦。而徐大夫作为同行，深知这个深渊有多深，他要拉同行一把，有好办法吗？有啊，当然有！你看徐大夫再次言简意赅，一语中的。

徐：Quality end of life，以这个为目标哈。

Quality end of life 是末期生活质量。徐大夫的意思是说千难万难，抓住这个缓和医疗的大原则、总目的，就不会太难。

殷：我看他其实肚子还好，不算很大，我不想给他放就是觉得他应该能忍一忍，但症状在病人身上，他说他胀得受不了了。他今早让我给他安乐死，我觉得好不好是抑郁/焦虑的一种表现呢。还没有给他吃任何抗焦虑的药。

徐：我是现学现用，见笑。

殷：您说得很对。我就是考虑他的生活质量，也想尽量延长寿命。凡是遇到病人自己就是医生的，我会考虑得多一点。

徐：把今天我们的讨论过程告知患者也是一种治疗。宁老师这样妥否？

宁：@徐，同意。把我们的思想讲给他听。

那天我看到这里真可以说心潮澎湃，不禁击节叫好！缓和医疗的重要原则是互相信任、共同决策。医生和患者能到这个地步是个极高的境界啊！具体到本案更有这个基础，因为患者自己是医生，看到同行们的关注和讨论，定会获得巨大安慰和治疗效果。徐大夫这个建议实在非常高明！

殷：我和病人都说了。他很清楚，我说放了以后要补液的，他说他腹腔内的渗透压比血里的高，补液会胀得更快。他坚持喝点水，但喝进去的量实在不多。

顶级三甲医院国际医疗部的内科医生戴女士此时出场发言。

戴：我的感受是病人对腹胀更不能忍受，对脱水似乎都有准备，也没有太期待腹腔灌注化疗会有什么戏剧性的效果，感觉作为医生的我们更不能放手。

  殷：我特别受不了病人和我说要求安乐死，说明我缓和医疗没有做好。刚刚姑息缓和与安宁疗护中心李院长和我通话了，教我试试激素治疗。

  李院长是中国创建第一个符合国际标准的缓和医疗与安宁疗护中心的人。多年努力让中国缓和医疗水平得到越来越规范的发展。我们一直相信励志奖学金中英联合培训缓和医疗培训项目，会使李大夫这样的业界翘楚如虎添翼。中国的缓和医疗事业是时候产生几个这样年轻、锐气十足的领袖级人物了。

  李：@殷 患者有时候是因为长期过程中的身心痛苦和压力产生安乐死的诉求的，能告诉你，一方面我们要更有效地解决症状痛苦，一方面是患者相信你，才跟你说的。终末期极度衰弱的病人，不推荐胸腹腔化疗。姑息治疗专业有专门诊疗规范和用药。简言之，一阶梯利尿剂，二阶梯激素，三阶梯奥曲肽。细节不赘述！

  殷：奥曲肽和利尿剂已经用了，就是激素没有用。

  李：你挺棒的！@殷为患者很用心。

  来自陆军总医院的张大夫是位肿瘤科专家。

  综观世界缓和医院的发展，都是从对恶性肿瘤末期病人的照顾开始的。在本学科中融入缓和医疗理念是近年来她带领她的团队做得非常好的一件事。有这么卓越的学科带头人和意见领袖参加励志奖学金资助的缓和医疗培训师项目，太令人高兴和满意了。

  张：对胸腹水的腔内化疗，我们主要根据病人的一般情况、肿瘤负荷、对化疗的敏感性和腹水的原因来决定，如果一般情况还可以，尤其是乳腺癌、肠癌、胃癌等可以采取腔内化疗。但对于肝癌、胰腺癌、胆管肿瘤等，尤其合并门脉高压的不做。腔内用药的话主要是氟尿嘧啶，胃癌可选紫杉醇。

腹水腹胀放水和补液本身就是一对矛盾，药物保守治疗效果不佳时，腹胀会很痛苦，个人认为可以每天适量放500—1000ml，我们一般对末期病人会每次500ml，1—2次／天，补液原则不必纠结于出入平衡，一般终末期患者每天入量在1000—1500ml即可，鼓励经口补。

大量胸水的话，一般还是要积极处理，恶性胸水我们倾向腔内注射生物制剂，以避免粘连分隔。

大量腹水一旦开始引流，就会一直引，不可能再忍受腹胀的痛苦，哪怕是卧床不能下地，也不要要求患者继续忍。

殷：谢谢张主任。确实，之前腹胀好像他耐受还蛮好。放了两次800ml后，就不能忍了。

张：@殷 别客气，可以尝试每次少放一些，每天放2次。

沈阳盛京医院是中国最早开始临终关怀的医院，他们坚持多年，积累了非常丰富的经验，宁养科王大夫加入讨论让我眼前一亮。

王：上午开会中，才看到大家的讨论，很棒！学习了。补充一点我们的经验：用香菇多糖和榄香烯治疗过一些恶性胸腹水的病人，部分效果还不错。这样的病人需要医患共同决策来完成接下来的治疗，病人的意愿是最重要的。

@殷 有安乐死想法的病人一定是很痛苦的病人，需要探究痛苦的原因，找寻背后的故事，通过团队的力量支持和帮助病人。缓解躯体痛苦是基本，在此之上做好全面照顾，会给病人、家属和我们的医护团队带来成长和提升。

宁大夫：@王 赞同"这样的病人需要医患共同决策来完成接下来的治疗，病人的意愿是最重要的"。

再下面就是看到这些医生互相用握手、拍肩膀、拥抱的小图标互相鼓励，给别人也给自己加油。

怎么样？写得不错吧？不错的原因是用了群里聊天的原话。严格说不是我"写"而是大家"写"，我"攒"的。要知道这个病人后来怎么样了，或者他们还讨论了什么病人、什么事件，且听下回分解。

2018 年 4 月 24 日

看见死亡

不知为何

不知为何，从小对死亡事件有兴趣。上小学时锅炉房旁边住着一位胖大校工，他老是睁着一双血红的大眼睛，恶狠狠地看所有人。有一天下课，他当着我们这些在院子里乱叫乱嚷的一年级孩子直挺挺地倒下去再也没起来。大人们说，他死了，还说他的眼睛老血红是因为血压比正常人高好多倍。

第二个死亡事件是我好朋友的父亲去世。那位父亲是位重要人物，去世后全国都降了半旗，在劳动人民文化宫举行的隆重追悼会上，许多人排着队向他告别。我爸妈是死者生前的好朋友，治丧活动那几天在我的朋友家出出入入地帮忙。记得好像是追悼会刚刚开完，我和好朋友回到她家，爸妈哭红了眼睛把好朋友的妈妈送回房间休息。我和朋友不知为何百无聊赖起来，就在她们家院子里玩，忘了是她跑我追还是她追我跑，总之是一时兴起，竟然尖声大笑……记得那回我因自己的不合时宜挨了爸妈最严厉的责备，从妈的脸色上看她完全想打我一顿。

后来我迷上了看小说，一本书刚读个开头就急着往后翻，想看主人公最后怎么死的。看电影喜欢看先烈们英勇牺牲的场面，除了被主人公的革命情怀深深打动，死亡的神秘和力量恐怕更有吸引力。再后来有一段时间对所有哲学问题感兴趣，只因为听说大哲人说过一句话：人的一生就是为了学会面对死亡。再后来，哭着喊着不学别的只想学医……认真想想，这种种行状恐怕都和对死亡的兴趣有关。

入世渐深后，见识更多死亡，不仅在陕北农村里见过孩子被狼吃掉，婆姨被洪水冲走，五大三粗的精壮汉子被一块比拳头大不了多少的石头砸死，后来当了医生，职业生涯中更记不清多少次面对伤病死亡。那段时日，死亡虽然还不至于让我无动于衷，可也不再像原来那么鲜活灵动、充满魅力。反而它在现实中越司空见惯就离我越遥远，越荒诞不经就越使我疲惫麻木。回想起来有点惊讶，我竟然在那么长的人生时间里完全失去了探寻死亡的热情。

直到有一天，我无意在网上看到一份名为"五个愿望"的英文文件。这是一份有 400 万人正在使用的叫作"生前预嘱"的法律文件。它允许人们在健康清醒的时刻，通过简单易懂的问答方式，自主决定自己临终时的所有事务，包括要或不要哪种医疗照顾，要或不要生命支持系统，疼痛时怎样，生活不能自理时怎样，吞咽发生困难时怎样，意识不清楚时怎样，等等。思维缜密，环环相扣，易理解，可操作。死亡这件复杂的事一下子变得单纯、不深奥，回归常识和容易理解。不知为何，我觉得自己对死亡的兴趣忽然复兴，我又找到了童年看到大胖子校工猝然倒下时对整个生命的诧异，找到爸妈严厉责备后对死亡的庄严想象，甚至觉得青春热血又充满我的心智，我知道我有事情可做了。

奔走街巷呼啸坊间的结论是：吾道不孤！于是有了这个名为"选择与尊严"的公益网站，也有了这个叫作"死亡诗社"的群博。

2006 年 6 月 8 日

坚硬如铁

　　看见第一例临床死亡是我当实习医生的时候，那时我是第二军医大学医疗系将于1978年毕业的学生。大约是1977年下半年，学校安排我们去离上海不远的嘉兴市第一人民医院。这所医院成立于20世纪20年代，是法国天主教会开办的，叫圣心医院。1949年之后，圣心医院改名为"人民医院"。我们是在"文革"结束不久去实习的，所幸这座当地规模最大、医疗水平最高的医院各方面情况还算正常，"圣心"也好，"人民"也罢，还没乱到不像医院，要不也不会被军医大学选中让自己的学生去实习。

　　我们住在嘉兴市俗称西大营的荣军疗养院内，院子里花木扶疏，绿荫遍地，日式木楼的楼梯吱嘎作响。据说这里曾经是日军的兵营、蒋经国的青年培训基地，新中国成立之后也住过解放军。

　　我们住后面，荣军住前面，据说这些荣军大多是抗美援朝战争中负伤的，也有解放战争的老兵，都住荣军院了，当然是生活不能自理。有时能远远看见这些身体残疾、垂垂老矣的身影。有个脑子负过伤的老兵，一到晚上就大声号叫，声音巨大，吵得人睡不好，但没人抱怨。荣军为国负伤，我们这些未来军医理应表示最大的崇敬。但现在想来，他们寂寞孤独的凄凉晚景对我的触动很大。

虽然叫实习生，但我们一开始不能直接管病人，所以其实只是见习，每天由老师带着查房。我们管的是综合病房，什么病人都有，有个乳腺癌晚期病人，中年女性，面色黧黑，五官长得不大好看，脾气很大，动辄与人吵骂，但对我们这些实习生还算客气。带教老师让我们对病人做例行身体检查，怕病人烦，一对一检查，我们轮流，被检查的人也轮流。不知为什么我老轮到她，问诊、听诊、触诊，她都配合，不过，她脸上从无笑容，这让她和我都显得很"牛"。因为重病垂死之人，尤其是从不微笑的，在大家眼里都很"牛"。

那个年代对乳腺癌病人的手术切除几乎是损毁性的，所以对她的初次听诊和触诊都让我大吃一惊，她胸部塌陷失去正常轮廓之外，还疤痕密布，厚硬得像一块钢铁。我想我在检查她时的惊慌神情一定暴露在脸上，因为她眼睛里闪过明显得意色，使她不好看的脸在那一刻变得好看。

她死是我发现的。早上我们实习医生都尽量早进病房，我一进去就发现她死了，不知道为什么，就是觉得她死了。用听诊器上去一听，呼吸、心跳果然都没了，胸部的坚硬如铁因为带着阴沉寒冷又让我吃了一惊。

发现她死了好像成了我的某种成绩，同学和老师都对我有点另眼看待。作为奖励，老师让我和护士一起把死了的病人送到太平间。

当天晚上睡得出奇的好，早上醒来觉得缺了点什么，同学们议论起来才知道，睡得好原来是因为昨晚没听到老兵号叫。再问，说也是头天早上去世的，可能因是久病的残疾人，连医院都没送，或者是荣军院认为自己就是医院。

当天晚上我在荣军院草木繁盛的大院子里找了个没人的地方大哭了一场，别的都已经忘记，就记得我看见自己的眼泪滴在草叶上的时候，我问自己这眼泪为谁而流。不管是去世的晚期癌症病人还是从此不再号叫的老兵，好像都不是，可我哭成这样，总得有个原因吧？

今天回忆这一切，我觉得，最可能的原因是这两个人的死让我看到了死亡真相：坚硬如铁，而且不依不饶。死亡如此严重、无情，怎能不吓哭我这初入门槛的小实习医生？

为写这篇小文，我特地在网上搜了嘉兴荣军院。现在那里叫荣军医院，盖了新大楼。大概是沿袭原有护理荣军的传统，还办了一所老人院。看这老人院的模样，很像当年我们住的那个院子，仍然花木扶疏，绿荫遍地。

草木间，我当年的眼泪自然早已干涸。但我对死亡是否仍然充满恐惧？说完全释然可能有点吹牛，但岁月至少让我懂得，坚硬如铁和不依不饶是死亡的特征。少不更事时为此洒泪情有可原，可现在一把年纪了，要还这样，就有点丢人、有点装嫩了，你说是不？

2012 年 8 月 14 日

一次谋杀

谋杀者是我，被谋杀的是一条鱼。

鱼是爸钓回来的。爸那时候爱钓鱼，周围的人都劝他钓，说钓鱼是紧张工作中最好的休息方式，所以爸老去了。那时候鱼多，环保没今天重要，被钓上来的鱼都不会被放掉，而是被带回来吃掉。一下子吃不完的就养在院子的鱼池里。池子里的鱼有时候会死，被大人们捞出来埋掉。

我很好奇，池子里的鱼为什么有活着的、有死了的？那些死了的又是怎么死的？我去问大人，没人耐烦回答。记得最有耐心的一个回答是告诉我：鱼活着肚皮朝下，死了肚皮就朝上了。果然，池子里肚皮朝上的鱼都被捞出来埋掉了。

但这仍然没回答我的问题，我想知道的是鱼怎么死的，也就是肚皮朝下怎么就变成了肚皮朝上？这个过程太有吸引力了，也一定好玩。没人告诉我，我也得知道，于是决定自己动手。

一个中午，天太热，没人出来逛。我蹑手蹑脚走到鱼池子，水泥池边上有个网，这网平时有死鱼就捞死鱼，没死鱼就捞树叶。我网上一条鱼，高抬离水。都知道鱼离水会死，我就等着。过了好一会儿，网放下去，奇怪的是鱼肚子朝下游走了，并没有死。试了好几次都这样，没见一条肚子朝上死了的。现在想来是小孩子心急，没等够时间，要不鱼怎会不死呢？

话说试了几次都不见效，我决定下狠手。这次把鱼捞出来不光等着，而是连网子带鱼啪啪往水泥池边上撞，撞几下，放在眼睛前面看看，再放水里试试，肚子不朝上，还朝下，还游，还不死，就再捞上来往池边上撞。

我记得，鱼眼先是变得呆滞，继而浑浊，后来鱼身上出现很细密的出血点，再然后，放水里就肚子朝上不会游不会动了。我一颗心咚咚狂跳，可能是有点害怕，但肯定更多的是兴奋。死亡就在眼前发生，这可真让我激动万分。最后，也许本能地觉得自己做了一件阴险毒辣的事，我就像一个真正的谋杀者那样把死鱼捞上来悄悄埋掉了。我相信，没人知道在那样一个下午，我对一条鱼的谋杀。

儿童虐待动物的现象并不罕见，专家有不同的说法，美国有一项针对100个杀人犯的研究，称儿童时期有虐待动物表现的人长大成为杀人犯的几率比较高。还有专家说，七岁之前的虐待行为属正常现象，是好奇心主使下的恶作剧，但七岁之后的虐待行为就很危险，与将来的暴力和杀人倾向有关。

我不记得自己谋杀这条鱼是七岁之前还是七岁之后，但是记得当时我很清楚这种行为不好，要不怎会悄悄埋掉了事？就算无法战胜直观死亡的好奇心，在我那年纪也还算能审时度势，知道弄死条鱼毕竟比弄死条狗或者猫的事小，对一个小女孩来说也容易些，所以想来想去只找了条鱼下毒手。但这个记忆一直不大光明，心下明白不可告人。尤其后来有著名作家揭露另一位著名作家儿童时期虐待金鱼，因此断定他人性大恶，完全不配写文章当作家，更觉得兹事体大。要知道现在有互联网，要是被"人肉"出来如何是好？

直到去年，熟人钓上大鲤鱼，足有一米多长，一眼看上去是条母鱼，腹部饱满，已经怀孕。熟人大喜，弄张宣纸把鱼涂上墨汁，自命风雅要做鱼拓。看那鱼在他手中垂死挣扎，眼里满是悲伤，你爱信不信，我看出那悲伤是女性的，是母性的。我悲从中来，恨那熟人辣手，杀死大鱼，但又觉得不好发作，总不能因为一条鱼跟人闹翻。晚上的菜是那鱼，我悄悄躲出去不肯入席。

如此巨大的悲悯踏空而来，虽不足为人道，却让我自己暗暗吃惊。早年杀鱼事件涌上心头，让我感受到巨大的岁月力量。虐待动物的小女孩之所以没变成杀人犯，看来全赖岁月磨砺。似水流年看似平淡无奇，但生命无价，众生平等，随人格成熟自然而然深植我心。我很幸运，但不知道是否所有人都能这么幸运？

说了半天，说出这桩早年谋杀案，我到底想说什么？我想说的是：见到儿童虐待动物千万别过早定论，更不能以此证明什么人本质大恶。随经历渐长，见识够多，大多数人完全有可能找回人性人心。当然，为周全计，家长和有关机构应尽早开始生命教育，对儿童的死亡疑问千万别置若罔闻。

多早算早？按专家说法，至少从七岁开始。窃以为，要能七岁之前岂不更好！

2012 年 9 月 4 日

不该说的话

口述者

姓名：×××

性别：男

年龄：35 岁

采访日期：2012 年 9 月 28 日

采访地点：北京某医院某科室医生休息室

2001 年，我毕业不久，刚当医生，收治过一个 40 多岁的外伤男病人。这个人是从河北拉来的，因为交通事故。他是一辆摩托车的坐乘人员，驾驶人听说当场就死了。这个人的复合外伤非常严重，整个腹部挤压撕裂，有内脏破裂或者出血、大面积皮肤损毁、下肢骨折等。原来送到当地医院，都上手术台了，结果发现伤情太复杂太严重，当地医院根本做不了，才又拉到我们这里。病人入院后在我们这里抢救，12 个小时中做了 4 个手术，非常成功，保住了命。

我们都很高兴。

这个病人手术过后很快清醒，神志完全没问题，而且他很坚强，很配合治疗。他整个腹部皮肤是从左到右撕开的，几乎没有了，肌肉裸露，可以想象换药的时候有多痛。虽然我尽量给他止痛，但每次给他换药我都知道他还是很痛。随着我的治疗动作他会全身发抖，可他忍着，配合我，这种病人是会让我们当医生的人很感动的。

就在情况越来越好的时候，问题来了，是经济问题。他是农村来的，所以一入院，我们就每两天催一次他的医疗费用。有多贵？每三天要花一万元。我们是尽量替病人省的，很多东西不敢用。举个例子，一顿饭三个馒头能吃饱，可我们就给两个，只能保证不饿，争取能慢慢恢复的时间。每三天一万元当然不便宜，可是能救命。

到了14万元这个数上——我记得非常清楚14万元这个数——伤员的弟弟来找我说没钱了。他说第一笔钱是家属亲戚之间借的，再往后都是挪用的公款。他弟弟好像是村里的一个什么小干部，每三天跟村里支书借公款，村支书每次只敢给他一万元，因为这是大家的钱。到了14万元这个数，村里也没钱了，有钱也不敢借他了。听了他的话，我说了当医生第一次也是到今天为止唯一一次最满的话。按说医生是不该说这种满话的。说了什么？我说，你再给14万元，我保证让他活着好好出院。其实这中间还有很多风险，感染啊，其他并发症啊，可我忍不住就说了，一下就说满了，因为14万元能换一条人命啊。

你刚才跟我说讲事就行，说你们要的就是故事，不必有道德评价或者价值判断。可我还真想道德评价一下，不能不评价一下。这个人的事你怎么想？医学伦理上怎么解释？医院管救命的，但是这种时候交不上治疗费很多治疗就没法做了。医生有天大的本事也没用！就从那天开始，等于每顿饭只给一个馒头了。原来肌肉愈合已经很好了，可就从14万元以后就没钱的那天开始，我眼看着病人腹壁上的洞越来越大。原来用止痛药，现在只能用安慰剂。举例说，安慰剂是什么？原来换药的时候用吗啡止痛，现在只能用生理盐水，不是药了，是盐水了，可病人依旧坚强，依旧配合，我给他换药，看见病人消耗非常大，我什么心情？！

幸亏时间不长，也就一个星期多吧。记得那天我下夜班，和爱人一起去看望几位认识的老人。已经看了一个，快到另外一家的时候，忽然听到了这个病人去世的消息。我马上跟我爱人说我不去了。爱人说怎么了。我说我想回单位，想去看看他。我觉得我能救他，这么一个坚强的全力配合我的病人，因为没钱死了。

这个故事可能和您的医疗伦理期望不大配合，可这就是我当医生十多年来经历的印象最深刻的一次死亡。

我还想问问，你们弄这样一本书想达到什么目的呢？

整理手记：他愿意给我讲故事，可连名字都不愿意告诉我，也坚决不让我写他在哪家医院工作或者是哪科医生，这让我有点吃惊。但我还是被他的故事深深打动。

这次采访中许多医生讲述的印象最深刻的临终事件往往是在他们刚刚进入临床的时候。这个事件也不例外。医疗从业的初始阶段，是医护人员初始接触死亡，心理和临床技能都接受最大挑战的时刻，此时的印象特别鲜明，情感和疑问特别真挚。但是对一个行医已经十多年的、不算年轻的、看样子天天面对重大伤病的医生来说，回忆这段早年经历仍然带着如此强烈的感情却让我没想到。尤其他说到"我觉得我能救他"的时候已经完全不能自制，我相信他用了最大的力量才勉强做到在我这个"陌生人"面前不掉眼泪。他很壮实，臂膀和双手显得有力量，表情不大丰富，但很稳定，除了上述隐忍的动容，我相信他在生活和工作中一定不是个特别容易被感动的人。他的讲述一直带着点疏离，"你们弄这样一本书想达到什么目的"的问题也显然对我们的目的带有明显怀疑。他还挺冷静地作出判断，说他的故事和我的医学伦理期望可能不配合。但这种疏离和"冷静"却让我看到了一个有良心的医生在真实医疗环境中或者说是在真实伦理困境中的真实愤怒。我好满意，好感谢他。

临走时我跟他说这本书出版的时候我会来给他送书，要是我没看错，他露出了采访过程中唯一一个，而且只是出于礼貌的笑容。

2012 年 9 月 28 日

我们没有错

口述者

姓名：×××

性别：男

年龄：40 岁

单位：××××××

日期：2012 年 9 月 28 日上午

采访地点：北京某医院某科室医生休息室

在重症监护病房去世的高龄病人比较多，一般大众认为年老重病死亡不可避免，医生也认为是自然规律。但是如果年轻人在这里去世，尤其是治疗时间长的，就不好接受。在这里工作，经历的死亡事件太多了，我只讲一个最近发生的。

一个得白血病的年轻姑娘，脑出血，转到我们病房来抢救。多年轻？ 24 岁。家是北京郊区的，来我们病房已经昏迷，医生护士抢救非常到位，动作迅速，决策正确，全力以赴，但是还是没抢救过来。你要知道，白血病晚期病人一出血就是多发的，全身凝血机制也有问题，一出血就止不住。家里人对这种情况非常不接受。他们觉得治疗这么长时间不见好转，反而恶化，不能接受，一下就纠集了许多人过来闹。多少人？40个还是50个？没数。反正是村长带头，团团包围我们科室，光门口坐着就有20多人。我们医生护士压力巨大，完全不能专心工作。

病人最终去世之后，他们也不许拉走。这不仅是对死者的巨大不尊重，也是对这里所有病人和医护的挑战和威胁。遗体就在科室放着，可以想象情况有多混乱。最后的结果？这么说吧，市里的医调委也来查这个事情。医疗纠纷调解委员会，大概全名是这个吧，我也不确切知道。查了个遍，医疗治疗上没查出任何问题，当然不会有问题，病人的死亡是因为疾病本身，和我们的抢救治疗当然完全没关系嘛。可就是这样，医疗上完全没责任，医生护士都没错，可还是要赔偿他，还得是他能接受的价格！这个病人不是我管的，因为情况紧急，一送来，能上的医护全上了，所以等于是大家一起管的病人。也因为这个，赔偿结果一出来，尽管不需要我们科来赔，由于我们是在患者临终时才介入的，家属对诊疗的不满也不是针对我们，但不是我一个人，而是医院里很多人都很难受、很失落，这算是个什么医疗环境啊？太差了。我当时感觉很多人都在这么想：这么不讲理的人，为什么能得逞？他们自己都说：我们知道这个事法律不会支持我们，一定告不下来。可是我们就要闹，闹得你们没办法就得给钱。

我们报了警，可警察说，不是还没暴力行为吗？还没出事吗？

没出事没打人我们就不能出面。赔了多少？这个我不想告诉你，反正是他们要了个中位的7位数，医调委判的是给低位的6位数，最后医院给了最低位的7位数才算完。可是我们没做错任何事啊，为什么要赔钱？所以我们都很失落、很消沉。

你说如果医疗环境再成熟些，保安措施再到位些，医患之间再信任些会怎么样？这个问题不好回答，现实是哪一个"如果"都没有，都不来。我觉得这件事情里，真正的死者家属其实还好，闹的人很像一些职业医闹。这种人就没人能管吗？医生还怎么当？有错没错都不行。要是重新选择我不会再当医生。我现在还没孩子呢，要是有了，当然也绝对不让他们再当医生。你说的那种成就感我也有过，把病人救回来了那种高兴、充实，觉得医生这职业确实高尚。但是我觉得两相比较，成就感不能让我战胜这种失望和消沉。而且这种事情不知道该怪谁，不知道什么时候能改善，我反正觉得很无力和没希望。

你问可不可能不是这个结果，我还想提这个问题呢。医患沟通接受死亡，说得容易做到难。而且从这个病例看，还有些很特殊的情况。这个病人先期治疗效果不好——白血病治疗很可能效果不好，效果好的不多——家属想转院，我们医院没意见，同意转院，但要转的那个医院没床，就没转。正在这个时候病人发生大出血，不能转院，只能紧急转我们科抢救。不凶险不紧急，没死亡可能，怎么会进我们这儿？问题不是家属接受不接受现实，也不是接受不接受死亡，他们闹的目的明显就是要钱。结果呢？一闹就达到目的，为什么不闹？这与医患沟通和接不接受死亡关系不大吧？

整理手记：这是第二个只同意披露性别和年龄而坚决不愿告诉我姓名和工作单位的男性医生。他看上去不年轻了，所以我会问他有儿女会不会让他们当医生的问题，没想到他还没孩子。不过他很快、很坚决地告诉我，就算有了孩子也绝对不让他们当医生。我还提到治病救人的成就感啊，法律环境的成熟啊，医患关系的改善啊等事情，期望能缓和谈话气氛，但他很坚决地回绝了。这让我理解了他不愿过多透露个人信息，是为了表达真实的失望和不满的一片苦心。

2012 年 9 月 28 日

丈夫对妻子说

口述者

姓名：杜铁宽

性别：男

年龄：36 岁

工作科室：协和医院急诊科

采访地点：协和医院急诊科医生休息室

时间：2012 年 10 月 26 日

有一个 50 多岁慢性阻塞性肺病的女病人，当时住在急诊科楼下病房，来的时候病情就很重。家属说病情一直反复，一年前还在同仁医院上过呼吸机。一般来说，慢阻肺的病人到了上呼吸机的程度，剩下的时间就不是太多了。这个病人才 50 多岁，年龄不算大，孩子也才 20 多岁，但病情重，用了积极的抗感染治疗效果也不太好，呼吸衰竭很明显。没多久，她又面临要上呼吸机的问题。她这种病的病程基本不可逆转，每上一次呼吸机都会留下一次损伤，肺部情况不会好转，只会越来越重。我们估计她这次再上呼吸机效果也不会好。第一能不能拖过去，第二就算侥幸能拖也会很痛苦，再就是可能要很长时间，在不好不坏之间停留不知到哪一天。

我们觉得病人年龄不大，求生欲望也很强烈，就先和家属沟通，说明情况。她丈夫跟我们表示他也知道这个病治不好，这么多年一直陪她看病，对预后多少都有了解，而且这次病情这么重。但是他没跟我们说太多，谈完后，他和妻子在病房里谈了许久，谈完之后，他的妻子就不再说话了，查房的时候也不再要求我们换药啊之类的事情。

后来这位丈夫告诉我们，他跟他妻子说，你这个病是治不好的了。咱们家已经没钱了，再治下去就要把房子卖掉。他问他妻子，能不能给他和女儿把房子留下。他说，你肯定是要走的，但是你走了，我们连住的地方都没有了，可怎么办呢？

说到这里也许很多人会觉得这个丈夫的心可真够狠的。但是我觉得，大多数慢性病终末期的病人，如果不是家庭特别富裕的，都会面临类似的问题。不管你花多少钱，总会有到极限的时候，而这种对终末期疾病高强度的支持，费用会呈指数升高，每天花一万块钱都不算什么。这事发生在十年前，一个城市普通工人家庭承受的经济压力可想而知。从旁观察，这位丈夫对妻子并不是冷酷无情，所以我觉得这个人还真得有点勇气才能向妻子说出实情。也许就是觉得他说出来很困难，才让我印象很深。能看得出来，他用了很大力气才做到的。

也许不能用简单的好坏对错来看这件事情。就因为事情复杂困难，才会让我感触良多吧。

整理手记：杜大夫给我过于沉稳的印象。不知道急诊医生是否都得这样才算饱经历练，才能临危不乱。好在过于沉稳的叙述背后，还是有丰富且多元的情感。他对这位病人家属的叙述开始让我稍稍吃惊，但随后，真实事件的强大力量和口述者本人的理智清醒，却让我不得不像他一样摒弃了简单的好坏对错。

相信这个复杂困难的临终事件，会把勇气、理性和冷静传达给更多人。

你们尽心，我们尽力

口述者

姓名：郭树彬

性别：男

年龄：49 岁

工作科室：协和医院急诊科

采访地点：协和医院明日大厦 402 室

时间：2012 年 10 月 26 日

忙碌的协和急诊一如往昔，抢救室有一天来了一个 80 岁的老先生，诊断很快明确：大面积脑梗。病人来的时候意识还很清楚，但是病情发展很快，情况越来越严重，很快昏迷。病人的女儿多，也很孝顺，病人昏迷后，她们和急诊科医护人员发生了非常强烈的冲突。女儿说，我爸爸来了以后在你们抢救室越治越重，眼看着昏迷了，人都不行了，到底怎么回事？当时冲突很厉害，医生护士都不敢动，把我找来，我跟家属沟通了五分钟，患者家属情绪稳定下来，问题就解决了。

过程是这样的：我到场后先请专科来会诊，实际上我们对这个病很熟悉，诊断也没问题，但这是给家属看的，得从心理上安抚她们。还让她们知道我年资比较高，是教授，这也起了作用。我说，临床上确实有些病能治，有些不能治，尤其是老年人得病。具体到你们父亲，他是大面积脑梗，很大的血管闭合了，大脑半球大面积水肿了，很不幸，是属于临床上那类不可治的病。而且，疾病往往是衰老的表现。病人已经高龄，这次血管出问题和大脑衰竭的原因，更多是因为年老。说这些是让病人家属认识到客观规律是这样子的。我说如果要把这个病治好，需要病人返老还童，而这不是我们医生所能做的。家属听了这番话就比较平静。最后病人去世的时候，我又跟家属说，这个病人是善终。第一，病人发病后有一段清醒期，该交代的事情都交代清楚了。第二，病人很快进入昏迷，外界的操作和疾病本身带来的痛苦他都不会感觉到。第三，你们这些女儿孝顺，一直在床旁。最后，应该说你们把病人送到全国最好的医院，你们尽了心，我们也尽了力，应该说没有什么遗憾了。家属有很强烈的追求心理平衡的愿望，但这不是坏事，我们不知道病人死后有没有灵魂，会不会觉察我们的努力和安慰，但是安慰病人家属仍然是我们可以做到的、效果很好的事情。

生死问题最后说到底是个人文情怀。有段祈祷语说："接受那些必须接受的，改变那些能够改变的。愿上帝赐给我们智慧，区分这两者。"具体到这件事，就是家属尽心，我们尽力，病人没有遗憾，平静安详，死得其所。

整理手记：郭树彬主任不苟言笑，办事精准。头天约了他，第二天专门在分诊台留字条，清楚说明我可以去哪里找他，免我再费时费力。事情不大，却让人印象深刻。尤其故事最后他提到的那段精彩的祈祷语，印证了这位资深急诊工作者深厚的人文素养。

给我讲故事之前我们聊了不少，主要有两个问题：一是急诊科是救命的地方，碰到没钱的怎么办？二是为什么要当急诊科医生？听完故事再回头看看这些议论，作为注脚相当合适。所以一并整理出来，作为述者感悟，以飨读者。

述者感悟：对于某些病，费用非常重要，但协和的医生能坚持以病情需要为主，这是我们协和能保持医疗水平的重要原因。作为一个临床医生，过多考虑经济费用问题会对思维以及诊断治疗产生负面影响。而且临床上总有发现这个病最后治不了的时候。所以，急诊科一个重要职能是对病情做出评价。大概的治疗过程和花费我们会跟病人和家属进行沟通。尽管不同的医生，比如上下级、不同科室等，会有不同的看法。有些不能治或者非常不好治的病，我们会跟病人家属说，很可能人财两空，让人家心里明白，早做准备。当然还有些病一时看不清楚，要有前期投入，通过观察和一系列检查才能有结论，但这也是能和家属说清楚的。

当然到底什么时候该坚持、什么时候该放弃，包括是否使用生命支持系统，甚至是已经使用了该不该撤除，有些家属能理解，有些不能，甚至欠费也要坚持。这些问题站在不同角度确实有不同的答案。高年资、经验丰富的主任或教授可能掌握得好点，年轻医生掌握得差点，加上医生的慈悲心、家属的理解不理解。但我们在临床上真是看到了许多人财两空的事例，这对家庭对社会都是灾难。

我很自豪，因为我可以说，协和医院和我们科室都不会因为创收故意从病人身上多收钱。至于更深刻的，与社会和医疗体制有关的费用问题，那是我们当医生的人无法解决的。

收费，医院行政管理对我们不是没有要求，但是如果真的发生了怎么办？我现在手里就有一个病人欠费八万元，汇报好几回了，说来说去，还是该怎么治疗就怎么治疗。因为降低治疗会危及生命、影响预后。我们挺幸运的，发生这种事，医院从没有硬性处理过我们。

卫生部一直要求各医院急诊科先救命，先抢救，后收费，我们协和医院早就做到了。

我想强调的是，作为临床医生，专业化地对患者的预后和病情评价非常重要，钱是问题，但不是唯一的问题，很多疾病不像媒体或者有些人想象的那样，有钱就能治好，而是花多少钱都治不好。当然模棱两可的时候也有，但作为专业人员，要尽到自己的责任。

多年在急诊，支持我的是治病救人的成就感。不是每个人一辈子都能有机会帮助别人吧，尤其是救别人的命。但是急诊科医生直接或者间接救别人命的机会太多了。有时候救过的人我们自己都忘了，可人家会回来给你鲜花。当地方行政领导也许能造福一方，可是当医生能改变一个人的命运，很有意义。包括出去讲课、培训、建立管理制度都和治病救人有关，这就很好，有动力。比如应急输血制度，是我们科先做起来的。奥运会期间有个美国人因意外伤害大出血来急诊，由我们科处理的。一进抢救室马上启动紧急输血机制，输了 800 cc 血，要不然肯定不行了。美国医生说我们技术高，其实是我们的管理方法好，应急输血制度关键时刻就能救命。你想想，生命垂危的人，进了我们的门就能活，进错了门就活不了。这就是成就感、自豪感吧。

医院从收入政策上对我们急诊科医生有倾斜。所以干急诊一能养家，二是有个人成就感，三是社会认可，我觉得很不错。虽然有时候会觉得累，急诊医生在科室常常穿个短袖，但前胸后背老是出汗湿透的。我们有协和医院这么好的平台，很幸运。所以你也看到了，我们科的人，一天到晚干得挺起劲儿。

无名氏口述的临终事件

口述者：无名氏

时间：2012 年 11 月

　　那时候我刚轮转到血液科，刚到临床，对每一个经手的病人都很用心。我管一个白血病人，30 多岁，很年轻也很能干，是一个很大的食品公司的技术骨干。在我们这里住院期间他还悄悄出去一次，去考了个和博士相关的考试。虽然知道自己有病，但还是对生活抱有很多希望和信心，长得也很精干。我和我的实习医生、主治医生都非常努力，希望能够控制病情。但是他来的时候就经历了些波折，病理诊断不特别明确，导致他的初始放化疗方案也有问题。在我们这里诊断治疗，好过一段，但一次化疗之后他出现了明显的感染迹象，发烧。我们用了很强的抗生素，但是病人抵抗力非常弱，白细胞低到快没有了。虽然我们很用心，但是拉回来很难，再后来发生感染性休克了。记得当时让我们比对发烧还担心的是他心率非常快，每分钟一百七八十次，相当于剧烈运动的心率。当然之前由于化疗、心衰等，他基础心率就比较快，我们用了一些保护心脏的药物。这次病情加重，心率快，我们就还想用些这类药。由于病人情况已经很脆弱，我们非常慎重。和药剂科反复商量，最后决定用一种超短效超选择的药。计划是病人一旦发生不好的反应，可以马上撤下来。很遗憾的是，病人一用上药马上出现严重喘憋。我们立即往下撤，几分钟内药就停用了。按道理，药物在血液里应该很快代谢灭活。但病情总不像人的想象或者药物说明书上写得那么单纯。药物可能代谢没了，但对组织的作用可能没有马上消失。病人喘憋一直很明显，加上原来病情就很重，第二天人就没了。

当时病人和家属都问过我们，这么严重的喘憋是不是和用药有关系。因为情况相当意外和紧急，我们无法否定喘憋和用药的关系。但让我印象深刻的是家属和病人都没有在这上面纠缠和责怪我们。病人后来觉得自己不行了，就把我和我的实习医生叫过去，拉着我的手说，我对你们的感觉很好，但是我对这个病的感觉太不好了，意思是说他知道我们一直在给他想办法。我一直在努力，你们也一直在努力，但是这个病真的没有办法了。就说了这么一句话。

我对之前用药对他可能产生的不良影响很内疚。但是也许他是大度的人，也许人之将死其言也善，但我觉得最主要的还是我们在一起度过的这段时间里建立了很好的互信。包括他的家属，虽然感觉到我们的治疗当中还有值得斟酌或者再考虑的地方，但很理解病人去世主要还是由于疾病。由于这个病是没有办法治疗的，所以很体谅我们。

整理手记：

口述者反复叮咛不要在这个故事中透露任何有关他个人或工作医院的信息。虽然我必须尊重口述者的意愿，不过在我看来，这个故事相当正面、相当光明，按时下的说法，充满正能量。不能披露任何个人信息真是巨大的损失。

不过，这个关于一个优秀医生、一个优秀病人和同样优秀的病人家属如何对待临床治疗中值得再考虑和再斟酌的行为的故事，实际上一定天天在临床发生，是很多医生、病人和家属共同的真实经历。所以，就算没有个人信息我也得把它写出来。这个原因很值得多说两句。问题的重点显然并不仅仅在于这个故事中的人物是否优秀，而是在于它告诉了我们一个简单却往往被人忽视的事实，那就是医学本质上并不是完全意义上的实验科学，有很多时候它是经验的甚至是先验的。所以，它永远有再考虑和再斟酌的必要和余地。而且，医疗行为的主体（简单地说是所有医疗从业者）和对象（简单地说是所有患者）都是完全不同的、能力有限的人类个体，所以医疗临床有时甚至会常常"出错"。虽然我们得承认，对于病人来说，医学或者医生的任何错误都可能导致不幸，但是，除了法律和各种规章制度可以追究的之外，这种错误却真有不可避免和必须承受的一面。

在这种时候，当一个好医生、好病人和好家属才显得尤其重要。因为唯其如此，医学才有发展的可能和进步的希望。

让我们向故事中不知名的好医生、好病人和家属致敬！

2012 年 11 月

到那天我也这样

上个星期五我去参加了顺子的追思会。顺子是谁？打开刚刚成立的生前预嘱推广协会的理事会名单，你会发现她的名字。我们邀请她参加协会工作的时候，并不知道她已经病了六年，我们召开成立大会的时候也不知道她已经病危。顺子以她一贯的热情和爽朗，支持我们的工作。最后，她还托好朋友转告，她在日本不能来参会（我们以为她在出差），但她想给协会捐点钱。

新成立的协会副会长周大力是顺子多年的好友，一手操办了这次在北京长富宫举行的内涵丰富的追思会。朋友们深受感染，在大力用一颗真诚朋友之心和女性特有的审美品质打造出来的美丽宁静的环境中，都说了许多来不及跟顺子当面说的话。这让我更好地理解了顺子积极贡献的心性、善于行动的人格和她的美丽与柔情。顺子与我同岁，在除了丈夫、儿子陪伴，未告知任何亲朋好友的情况下，"突然"离世，让许多人加倍哀伤。但她是用心良苦地以这种方式把美好的形象留给大家。尤其是儿子亲手为母亲制作的视频，使用了顺子生前最喜欢的音乐和图片，让所有在场的人心中充满欣慰和喜悦。

顺子人太好了，会场气氛太好了，每个人都在经历一次精神的洗礼。亮亮姐跟大力说：以后协会应该在所有注册生前预嘱的人离世之后，举办这样的追思会。她指着优雅适宜、铺排有度的现场，跟大力说，到那天，我也这样。

追思会原来是基督教的仪式，也叫追思礼拜。教徒去世，神父和教友举行这样的仪式追思故人。礼拜通常包括宣示、唱诗、读经、祷告、颂赞、感念、证道等程式。与我们习惯的追悼会最大的不同是，追思会强调赞颂精神永生，轻视对肉体失去的悲哀。所以，追思会不摆放遗体、遗像，不对死者三鞠躬以示永诀，不用供纸花圈和纸挽联寓意寂灭和消亡，而是多以鲜花、音乐、歌唱、赞美和故人生前的各种美好场景（图片、视频）来表达对生命的感恩和赞颂。出席者最后都要郑重与死者说再会，相约在另一个空间的重逢和共享永恒。当然，现在的追思会早已和宗教没有如此紧密的联系了。不过，因为这种方式能更好地表达现代社会人的聪慧豁达和对死亡的理解与接受，正在走入世俗社会普通人的生活。

谢谢顺子，也谢谢大力，让我看见如此美丽、这般优雅的死亡。

到那天我也这样。

2013 年 9 月 3 日

未必如此和理想临终

——两故事三人谈

口述者一

姓名：席修明

性别：男

年龄：52 岁

医疗简历：复兴医院院长，急重症抢救专家

口述者二

姓名：姜利

性别：女

年龄：43 岁

医疗简历：医学博士，复兴医院重症医学科主任

（按：口述都是单独谈的，可正好席院长和姜主任两人一起来了。

他们说很愿意一起谈，这样可能节省时间。我也没意见。结果加上我，就变成了三人谈。）

席：这故事我讲过很多次了。20世纪90年代中期，我们医院门口的中学送来一个孩子，12岁，体育课时跳马发生意外。这孩子摔下来是头朝下落地，情况非常严重，脊柱损伤，寰椎骨折，估计当时就深度昏迷了。到我们医院不久，经过检查，我们确定已经脑死亡了。当然，病人一直没有自主呼吸。

这孩子是自费病人，那时候对中小学生发生的意外和医疗保险非常不足。在我们重症监护病房，费用对他们来说简直是天文数字。而且，最主要的是病人已经脑死亡，应该说治疗已经没有意义，改善也根本不再可能。

这孩子是独生子女，他父母加上再往上的一代，一共两代人六个家长，六个人一起决定孩子的医疗是否要继续。六个人意见一开始很不一致。具体怎么不一致记不清了，但类似于和爷爷生活的日子多一些，感情比较深啊，对医学常识比如脑死亡的理解比较充分或者比较欠缺啊，等等。

最困难的是，这孩子是发生意外而不是生病，前一刻还好好的，一下子就脑死亡了，虽然没有自主呼吸了，可呼吸机带动，看上去有呼吸，就这么连治也不治了？谁也接受不了。所以，对家属来说，做治与不治的选择相当痛苦和艰难。

应该说我们一开始就很明确应当劝他们放弃治疗，但是做工作要非常耐心细致。我们一五一十地向他们说明情况，从医生的专业角度摆出事实，帮他们权衡利害。后来，六个悲痛欲绝的家长竟然一致决定，服从医生，放弃治疗，这让我们也很感动。

事情定下来后，家属和我们商量好一个告别时间。家人买了许多鲜花放在孩子床头，护士和医生都进来告别，场面相当感人。在场的医生给孩子拔除了呼吸机。

我行医30多年，这孩子的事给我的印象最深。医疗行为最大限度地向病人和家属公开这件事很重要。有人说，年纪大的人放弃治疗比较容易接受，对于年轻人，尤其是孩子来说，很难。但这个事情告诉我未必如此。这孩子发生意外之前健康活泼，发生意外之后，有父母双方一共六位意见不同、文化背景不同的家长一起讨论决定放弃不放弃治疗，非常困难的决定。但是共识很快形成。我以为关键是我们做到了医疗行为的尽量公开和用常识说话。说到底，医疗行为中的患者和医生，利益是一致的。找准这个点，结果就能大家都满意。不仅是医护人员，还有意见原本非常不一致的家属，没一个人找后账。所以我说这种事跟死者年龄关系不大。

罗：那个给孩子拔呼吸机的医生是你吗？

席：这个不重要。

罗：做这种事情对医生来说要有很大担当。据我所知，有些医院，病人或者家属如果同意放弃治疗，呼吸机要家属自己拔。

姜：这个不对，太残酷了。

罗：我也认为太残酷。不过这么做，据说他们有自己的道理。

席：什么道理？

罗：有些安乐死合法化的国家，比如瑞士和比利时，法律规定最后致死药物的使用，医生不动手，要家属或者本人自己做。

席：国外的文献是有这种记述。在临终关怀病房里，放弃治疗的患者要拔呼吸机，一般由有资质的护士操作，也是医生不动手。不过在我看来，这还是个价值观问题。碰上这种事，要看医生有没有这种素质和准备。为什么有些人有，而比较年轻的医生中这样的人就比较少？

姜：我觉得让别人做，而自己不愿意做的人，一定是内心认为这件事情不好。不好的事情自己不做让别人做，这违反道德。己所不欲，勿施于人嘛。

席：以我对医学本质的理解，所有医疗行为对病人和家属都应该公开，尽最大可能公开。对病人的所有医疗，无论隐瞒目的还是隐瞒过程，都违背医疗的基本准则。有没有道德水准在这里显得非常重要。比如我们最近正在讨论"说明书外用药"。

罗：什么意思？

席：就是药物的超说明书使用。

罗：还是不明白。

席：所有药物说明书都给药画了个安全使用的圈子。在圈子范围里用是安全的。出了这个圈子，比如超剂量、超配伍禁忌、超禁忌证使用等，用药就有风险。可是在临床有时就碰到这样的病人。冒风险、超说明书用药是他唯一的机会。那作为医生来说，做不做这件事就成了问题。医生愿意冒风险，就给了患者最大的选择。不愿意，病人就少一种求生的可能。但是医生做了，一旦出了问题，法律会不会或者该不该追究呢？这就很严重了。

罗：你的答案是什么？

席：法律要求的只是最低层次的道德，是底线。而医疗伦理的要求则是更高层次、更高水准的了。有时为了挽救病人，或者为了病人利益最大化，真可能要做违反法律或者超越法律的事。面对死亡的时候、生死关头的时候尤其如此，所有医生该做的事情都要做，只有做到了，道德和良心才能安宁。冒风险不可避免。

罗：包括吊销执照？

席：对，包括吊销执照。

罗：那这层次是很高。

席：其实冒风险不是问题。真正的问题是如何知道自己做的是对的，这个风险是值得冒的。这里面就有临床经验、技术水平、道德担当等，因素复杂，一下说不清楚，有些医生就不愿意讲得很清楚，做不到就更不愿意说了，这是医疗行为有时不能完全公开的原因吧。医生的良心要求我们为病人的最大利益着想。当然，病人没有做好死亡准备，要说通很不容易，这要具备足够的伦理学基本知识。

姜：席院长说的这孩子的事发生得那么早，我觉得，即使到今天，我们都很难做到。现在医患关系太紧张。我个人一直认为，面对死亡，宗教信仰可能在某种程度上起到作用。

席：和有没有宗教信仰没什么关系。很多研究认为，是不是佛教徒、基督徒或者穆斯林，都没差别。

罗：你的意思是说这种问题只要基于常识就行？

席：对，这是常识，不是信仰。

姜：从前有两个外国人来交流，一个新加坡人，一个德国人。那个德国人问我，你这个病房里要是多一间房间出来，你想干吗？我连考虑都没考虑就说，我想留给家属，想让他们谈话、休息、做那些困难的决定。德国人又说，那再多一间出来呢？我说，我就留给临终者，让他们在这里告别人生，让亲人陪伴他们的最后时刻。人之将死，有许多比医疗比抢救更重要的事情要做。比如亲人陪伴，比如以自己的方式告别，这都是医疗之外的事情。我们应该有这样的地方和空间。

我猜你们采访到今天，可能听了许多雷同的故事，临终事件中，不愉快、无奈和伤心欲绝的故事肯定很多。

罗：不怕，我喜欢这样的故事，只要是真实的。相反，煽情的好人好事、爱的奇迹、生命的奇迹什么的，已经有很多人写了，我们就不麻烦了。

姜：不管你怕不怕，我要讲给你的故事可能是不一样的。

有一年我春节值班，电话忽然响了，是我们医院另一个科室打来的，有个病人不好了，让我带上所有抢救的东西去。这种关照有点背景，这病人是我们医院工作人员的家属，对家属我们一般比较照顾。

我到了病人床前，感觉到一种不太一样的东西。一般久病、重病的人，到临终的时候，面相都比较痛苦，甚至很狰狞，因为大多数临终者已经饱受疾病折磨。家人在这种时候一般看不过去病人遭受痛苦，总是希望医生会有一些手段减轻痛苦。有时在医生的鼓励下再积极抢救，不放弃，情况会很糟。

眼前这位是个老年病人，记得好像是胰腺癌晚期。她躺着，面孔非常安详平和，好像什么都准备好了。我当时感到这样的状态没有什么不好。我说了，她和我们医院有点关系，家属是医务工作者。我跟家属说，病人这个样子，也许还有几个小时就走了。病你们了解，没有什么好的手段，现在比较好的不是抢救，让你的亲人尽量安静和有尊严地离开好不好？家属很顺利地接受了我的建议。这个我没有施行任何医疗救治的临终事件，让我印象非常深刻。我什么都没做，带着我的抢救物品回到了科室。我没看到病人的去世或是再听到任何消息，但我相信她到最后都是安详平静的。我心目中理想的临终，就应该是这样子没人打扰的，安详而有尊严的。

现在在我们重症监护病房里，病人如果真的没希望了，我们会很明确地告诉家属。我们同时还会做出放弃过度治疗和临终放弃抢救的建议。作为一个科主任，我也越来越认识到，死去的人固然重要，但活着的人也很重要。不管是经历亲人离世的家属还是照顾病人到最后一刻的医护人员，心理和精神的安详都是需要我们关注的事情。记得有一次，一个病人因为没钱不得不放弃治疗，而最终去世的时候，有一个刚刚参加工作的年轻护士差点崩溃，她在很长时间里完全止不住哭泣。这让我觉得很抱歉，我们应该把心理辅导做在前面的。

罗：这些因为没钱而放弃治疗的病人为什么不离开呢？不管治不治疗，光是住你们重症监护病房每天就要花很多钱啊。

姜：你让他们去哪儿？

席：没地方可去。

姜：有个医疗费用相对低，又能得到应有照顾的地方，他们当然都愿意去，谁都愿意去。

罗：唉，我总是忘了，咱们这儿能收治末期病人的，不针对疾病治疗，只提供安宁舒适照顾的医疗机构太少了。

席：有个统计数字，因经济问题最后放弃治疗的病人占住院病人的10%以上。

姜：这数字怎么来的？有更多的人因经济问题根本住不起医院呢！

席：这是另一个数字了，大概是 2000 年的，因为经济问题有病而根本未就医的人占发病总人数的 40%。这个问题在 2000 年，也就是最新一轮医疗改革开始之前是最严重的。医疗费用急剧增高，患病不就医的比例空前，而个人支付部分也显著增加。我看 2006 年的医疗改革真是不得不改了。

罗：什么叫不得不改？

席：如果我没记错，那时候的数字是这样的：中国家庭收入少于每天一美元的人口数，在全世界排位倒数第三。而这些按联合国标准是绝对贫困人口的人，看病的个人支付，在我们这里要占到 60%以上。这也太不像话了！难道不是不得不改、不改不行？

罗：今年政府宣布新一轮医疗体制改革取得巨大成绩了。

席：新农合至少使许多生病的农民敢看病了。县医院和许多基层医院也因此活过来了。我拿到的新数字是，中国人均看病的自付比例已经降低到 38%。卫生部说到 2020 年，这个比例要降低到 30%。世界公认的合理自付比例是 30%以下，要真这样，当然成绩很大。中国人口这么多，要做到这一点不容易啊。

整理手记：这两位口述者是临床上有资历的医生，在常年急重症抢救工作中积累了丰富的经验。说他们身经百战、见惯生死恐怕不为过，但他们口述故事的内容不约而同地都是放弃抢救和过度医疗。我能觉出他们甚至对此流露出的深切的自豪感。和患者家属沟通的技巧也好，来自丰富经验的正确判断也罢，都印证了他们对本职工作和医疗实质的深切了解。这使我印象深刻。

席修明院长是我多年的朋友，又是一位男性，如此表现在意料之中。倒是姜利主任，举手投足的沉稳果断，掩不住女性特有的灵性和周密，言语中那种不动声色的悲悯尤其令我动心。很难想象，要是她身材不这么小巧，五官不这么清秀，那她的气场和格局得大成什么样子！

挥别挚爱

挥别挚爱

秀芳姨的大智慧

——纪念亲爱的秀芳姨去世三周年

秀芳姨 89 岁去世，前一个星期还饮食起居正常，每天傍晚能出来在院子里走走，让我们觉得她能活 100 岁。

没想到她忽然发烧，赶快送进医院，却每况愈下，心衰、腹水、下肢静脉栓塞，继发院内感染、高烧不退，一波未平一波又起，很快神志不清，不认人了。医生报病危，他们认为高龄病人，感染基本无法控制，死亡可以预见。我们商量决定，不做任何有创性检查，最后时刻不做任何抢救，让秀芳姨尽量无痛苦地平静离去。

每天去看她，情况一天比一天差，第七天进入弥留。下午医生来电话，等我们赶到医院，医生刚刚宣告她的死亡。我握着她体温尚存的手，为没能陪伴她最后一刻有些遗憾，但想到她能安静而迅速地离去，又觉得安慰。

秀芳姨不是我们血缘上的阿姨，但我们姐弟三人都是在她的照顾下长大的，情同母子。秀芳姨年轻时候美丽聪慧，待人真挚，颊上一双酒窝，见人不笑不说话。秀芳姨有过两次婚姻，但都没生育子女，两任丈夫都先她而去。她进入老年后，生活渐渐需要有人照顾，虽然前夫的子女对她很好，但看得出来她想和我们在一起，我们也想她。所以我们就把她从天津接到北京，先和我们住在一起。后来需要同时雇两个人才照顾得过来，就在离我们很近的地方替她另找了房子。

秀芳姨去世后，我们才发现她对自己后事的安排原来这么妥善周密。一得到消息，就从天津赶来了一对精壮的回民父子，将秀芳姨的遗体按回民礼仪入殓并运回天津回民公墓，按回民的方式土葬了。这让我想起秀芳姨生前说过许多次，她不愿意被火葬，可她不是回民，只有回民才能不火葬。这也让我想起她的第二次婚姻，她嫁给了一个姓刘的回民。那个人我们没什么印象，因为他很快就生病去世了，当时我有点怀疑秀芳姨嫁给回民老刘和惧怕火葬有关。听说老刘去世，我还替秀芳姨惋惜了一下，觉得老刘这么快去世，秀芳姨不想火葬的愿望恐怕要落空了。但事实却好好地教育了我一下。

婚丧嫁娶的风俗仪式，回汉大不相同，为了坚持和维护本民族的习惯，回民们有自己的办法。比如他们很讲究互助和诚信，不管是不是家人，只要是穆斯林，只要是回民，只要入了教（这时候我们才知道秀芳姨是入了教的），穆斯林兄弟都有责任和义务帮助他或她完成心愿。得到消息第一时间赶到的那对回民父子，就不是老刘的亲戚和家人，而是秀芳姨生前拜托过的"兄弟"，他们尽心尽力，精准细致，节俭隆重，充满友爱地完成了秀芳姨的葬礼，这让我们很惊讶、很感动，也很长见识。

秀芳姨的葬礼完全由她的回民"兄弟"操办，我第二年才有机会到她墓前，虽然一年了，可坟还是显得很新。我想到秀芳姨的美丽聪慧，想到她生前一直没跟我们说破她已经入教，也没说已经委托"兄弟"帮她办丧事，一定是因为她尊重我们不信教，不想给我们找麻烦，也不愿意跟我们争论她应不应该惧怕火葬，更不愿意说她是否为了这个理由再经历一次婚姻。想到她虽然没儿没女，却精心谋划，精心安排，那么有见识、有能力，既尊重了别人，又没委屈自己，把身后事安排得妥帖周到，合乎礼仪，又没给任何人添麻烦，这可真是得有点大智慧才行啊。

想到这里，果然见一抔黄土之下，秀芳姨美丽如昨，笑靥如花……

2011 年 11 月 1 日

排演死亡

最近看了一本怪书，书名叫《不说，就真来不及了》，是个叫袁苡程的美籍华人写的。

20多年前，作者在纽约大学读心理学研究生，论文题目是《人类的忏悔心理》。为搜集各种临终遗言作为第一手素材，她首先去了藏书无数的纽约市公共图书馆，结果发现能找到的东西基本限于名人的临终遗言。于是她重新整理思路，突发奇想，花了350美元在《纽约时报》上登了一个小广告，征集临终遗言，没想到来信多多，于是就有了这本书。

有个清理垃圾的工人这样写道：我此生需要忏悔的事排列如下：一是小时候偷过别人家的自行车和浇花工具。二是上学时因为请假、打架和成绩的事，多次骗过老师和父母。三是欺负过那些比较肏的小孩，也骗过我喜欢的女孩儿。四是和别人一起抢过老乞丐的零钱。五是结婚以后背叛过我老婆五六次。六是偷过岳父的钱和超市的啤酒和烟。七是对自己的孩子撒过谎。八是对上帝祷告时也撒过谎。

这次我说的都是实话，我必须忏悔，要在死前把良心上的垃圾扔光，无论我能不能去天堂。丽莎，我对不起你，希望你能再嫁人，找一个比我好的男人。没了。

别以为信中忏悔的内容都是这种不关痛痒的日常过失，很多在我看来属于真正的罪恶。比如有个邮差出于嫉妒，扣压一个战地青年与家乡未婚妻的书信，棒打鸳鸯的后果是一对苦命人的凋零。尽管这个邮差的余生因悔恨也很悲惨，但这种忏悔在我看来是为了自己上天堂，所以仍然可疑和小气。

美国是个新教国家，新教文化中很重要的部分是忏悔和赎罪。不知道袁女士约稿时是否规定人们只能忏悔罪恶（她可是研究人类忏悔心理的），还是因为她允诺匿名发表，那些写信人都不知不觉进入了新教文化中的忏悔状态，并将其视为一次安全的忏悔或者赎罪的机会。

当然，袁女士的初衷可能只是研究。我在这里"吧啦吧啦"评价别人没有道理，很讨人嫌。知道忏悔总比不知道强吧？其实我是想为这本书说点好话的。读这些临终遗言，能让我们借此机会看看别人，想想自己。这是个道具，道具是演戏用的。借助它，我们能排演一下死亡，能更好地想象自己的临终。俗话说，人之将死，其言也善，能看上人类在临终的时候能变得多善良的戏剧，一定是一件有益无害、快乐轻松的事吧？

我们（先前是"选择与尊严"公益网站，现在是生前预嘱推广协会）先后出了两本书。第一本叫《我的死亡谁做主》，介绍尊严死和生前预嘱的基本概念。第二本叫《死亡如此多情》，请100多位临床医生讲述他们亲身经历的临终事件。这两本书都卖得不错，让我们觉得谈论死亡其实没有原来想象的那么困难，而且再次证明爱与死确实是文学的永恒主题。尤其是文字记述的真实死亡事件，会因其真实而有超越文字的力量。今年我们想出第三本，还走真实的路子，也许叫《死亡如此难忘》，是以网站"告诉我们你的故事"版块中大家讲述的亲历死亡事件为主，还有一些是网友投稿。版主"渝州书生"已经做了大部分的编辑工作。我们正在和出版社谈出版。再以后，再有可能，我们就抄一回袁女士的这个创意，再做一本这种让大家说出临终遗言的书，如何？到时候，我们虚实结合，也不一定非得了什么治不好的病，不一定非得真是到临终才能说的话。只是排演一下死亡，也就是说您只要进入情境，进入角色，适时想象，写下您临终时想说的话，忏悔不忏悔都行。

先不说有研究认为，排演死亡对减轻死亡恐惧非常有效，就说咱中国人可能还是觉得有什么对不起人的地方先跟人说清楚的好。上帝的宽恕很重要，可现世的无悔是不是同样重要？我觉得这本书要真出版也会卖得不错。所以，在排演死亡的意义上，我很同意"不说，就真来不及了"。

2014 年 2 月 11 日

送吴蔚然大夫远行

2006 年我们几个朋友想建一个公益网站，取名"选择与尊严"，想介绍在国外已经非常成熟的尊严死和生前预嘱。第一个支持我们的不是别人，是刚刚去世的吴蔚然大夫。

中国人谈论死亡有些困难，对通过填写生前预嘱、自主选择尽量自然和有尊严的方式离世的事情也很陌生。如果有医疗界德高望重如吴蔚然大夫这样的泰斗级人物支持我们一下，对推广工作的有利影响不言而喻。

记得是请朋友阿沁出面邀请吴蔚然大夫和儿科专家胡亚美大夫一起来吃个便饭，想在席间将这个事大致说说。没想到不出三分钟，两位医学泰斗就明白无误地了解了我们要做什么，并双双表示将给予无保留的支持。

说请吃饭，可饭还没吃，吴大夫就拿过我们给"选择与尊严"网站起草的第一篇文字逐字逐句动手修改，连英文带中文，一字不落。胡亚美大夫也凑过去发表意见，两位老专家还不时讨论一两句，

吴蔚然大夫（右）和胡亚美大夫

然后由吴大夫落在纸上。可以说，"选择与尊严"网站上的第一段文字是出自吴蔚然大夫的手笔。可恨我一贯粗心，竟没有保留这张留有吴老字迹和智慧的纸张。

后来我才知道，吴大夫早就给北京医院党委写过报告，明确说明自己在最后时刻不使用生命支持系统，也不做过度抢救。他一定是中国最早的几位通过正式文字对临终诸事留下自主愿望的人。

昨天，阿沁在微信中告诉我，吴大夫的同事说，老人近一年来都在住院，一些慢性退行性病变使得他很衰弱，此次因肺炎和发热而病情恶化。吴老非常清楚自己的最后时刻已经来临，坚持不做任何有创或增加痛苦的检查和治疗，不仅不用心肺复苏、不用生命支持系统，还明确交代女儿说：弥留时不用升压药，不注射呼吸兴奋剂，甚至出现痰鸣时（临终时出现的痰鸣并不代表有痰）不吸痰。医生建议查血并可以静脉补液，女儿也坚守父亲的愿望婉拒。医疗技术无比精湛的、赢得无数人尊敬的、从事多年中央保健工作、为多位国家领导人服务过的最大牌医生，就这样以尽量无痛苦和有尊严的方式，静静地等待着死亡来临，庄严平和地践行自己的诺言。守护在床边的女儿吴清给这位伟大的父亲带来世界上最伟大无私的爱，这就是尽忠职守，坚定勇敢地帮助父亲实现最后的愿望。

行笔至此，泪雨滂沱！

阿沁说，吴大夫是医圣希波克拉底的化身，我深以为然。并不是因为他在多年的临床和保健工作中救人无数，也不是每到生死关头他都能以精湛的医术力挽狂澜，而是他有一颗伟大的爱己推人的医者之心。听说吴大夫去世之后许多媒体争相采访报道，但有关领导划了死杠杠，一切文字内容和评价都要经过党组织审查批准，理由是吴大夫多年参加中央保健工作，掌握许多敏感信息。吴大夫恰恰在这里成功彰显了医学伦理：有益不伤害、尊重和公平的最高境界。他从来不会因患者的身份地位改变他的医嘱和用药原则。不管你是平民百姓还是高官，也不管你是身在庙堂还是身陷囹圄，什么人在他眼里都首先是人。所以吴蔚然大夫去世之后，人们争相传颂的都是这样一些故事。

好在我们对自己亲爱的人并不在乎什么评价，什么评价都比不过这些和我们一起活过的人、在我们必须要继续下去的生活中留下的美好和尊严。所以我不愿用不朽、永垂、千古这样的词句送这位我深爱的老人远行，也不愿用院长、主任、中央委员这种称呼，我只愿敬称他一声吴大夫。

　　亲爱的吴蔚然大夫，我向你保证，你在我心中留下的印记，不会因你远行而漫漶，只会因我和更多人的远行而辉煌。

2016 年 8 月 12 日

送别小鲁

小鲁忙，不在北京的时候多，可他是我们生前预嘱推广协会的会长，好多事得找他。所以，约时间成了我找他的常态。他会告诉我：什么时候他会去哪儿，然后什么时候回。这回走的时候是说去三亚过春节，一家子都去，可是没说什么时候回。

小鲁啊，小鲁，真没想到，你怎么能一去不回了呢！

往事历历在目。2006年，几个人说笑，不知为什么就说到死在医院里太辛苦，浑身插管子，生不如死，不如弄个不插管俱乐部，比赛一下谁到时候不插管或者少插管。复兴医院院长席修明是大家的朋友，又是位重症抢救专家，大家就说到时候去他那儿，在他管的重症监护室里已经允许临终病人和家属做这种理智和文明的选择。

后来知道其实世界上许多国家和地区对这种选择都有很成熟的做法，就是通过填写一份叫作"生前预嘱"（Living Will）的文件，保证临终病人按照自己的愿望离世。它不是安乐死，伦理和法律上没那么多障碍，所以比较容易被各种文化背景的人接受。我想干吗不把这种方式介绍进来，让人们在生命末期保持尊严的愿望多一个选择呢？那时候没什么钱，想来想去弄个网站传播观念是最经济的。我跑到小鲁家里跟他说这事，希望通过他的影响力把这事做起来。没说三分钟，他就说：好，一起做。

于是就有了后来的"选择与尊严"公益网站，网站建设全靠志愿者劳动，几乎没花钱。再然后小鲁带着我们一拨人先后去我国台湾和日本考察。考察学习自己付食宿费是那时候他定的规矩，我们坚持至今。再然后成立了生前预嘱推广协会，大家选他当了会长。协会不久推出供中国大陆居民使用的生前预嘱《我的五个愿望》文本，建了生前预嘱注册中心。再后来我们又获得了全国政协主席俞正声的支持。韩启德副主席带领全国政协委员开展的全国调研，为2016年全国政协召开第49次推进安宁疗护工作双周协商座谈会打下了坚实的基础。再然后，政府有关部门发布一系列文件、规范和标准。缓和医疗和安宁疗护工作有史以来第一次在全国范围内热烈展开。

要说小鲁作为会长带着我们干了多少事，一时半会儿说不完。反正生前预嘱、缓和医疗、安宁疗护这几件事原来咱们这儿没有，现在都有了。没有小鲁会长怎么会有今天这个春风拂面的局面？

小鲁走得太突然。痛心和惊惶中，我们匆匆在网上建了陈小鲁先生纪念堂。仅仅一天，就有上万人关注，几千人留言献花。我觉得这些人与小鲁会长未必相识，猜他们都是些普通人，最大的共同点可能只是希望能尽量无痛苦和有尊严地走完人生旅途。他们可能是热心公益的志愿者、临床医生、患者或家属，也可能不是。重要的是他们的悼念让我看到协会理念——让更多人知道，按照本人意

2017 年 8 月，在《中国缓和医疗发展蓝皮书》大纲讨论会上，陈小鲁会长做会议总结：我们能做的就是迎难而上，推动中国缓和医疗事业的发展

愿，以尽量自然和有尊严的方式离世，是对生命的珍惜和热爱——正在深入人心。

小鲁辞世，朋友痛心。讨论挽联时，有一句引起争论："……民能问国，忠能直谏……"有位大哥提出不喜欢这个"忠"字，我却觉得小鲁颇有天下为公的家国情怀，一时激动，就说："建议不改，小鲁大哥身上有忠啊，我们都有，虽然都不喜欢。"听了这话，那位大哥正色道："点点，我没有那个意义上的'忠'，小鲁也看不出来。"我一时语塞，闷声不响了。此时此刻，我想起了前些时候的事。小鲁曾因为一些奇怪原因在上海耽搁了许久，年前回京，大家给他接风，席间小鲁如往常一样举止从容，谈笑风生。大家都担心他有压力，我也担心。席散了，回家路上就剩我俩，我赶紧问他：

心情会不会不好？他说：不会。又问：会影响睡眠吗？他说：不会。再问：会影响胃口吗？这回他笑了，说：呵呵，不会啊。永远难忘！说第三个不会的时候，他眼睛望向我，让我一清二楚地看到，一张坦荡真诚的面孔上，一双无比清澈的眼睛里满含笑意。我即刻无保留地相信了他的话。有这样一张面孔和这样一双眼睛的人，怎么会在乎那些荒谬和烦恼呢？在这个意义上，我同意了那位大哥的话。小鲁一生磊落，早做到荣辱不惊，超越一切庸常，忠诚这样的笨词早就配不上他了。唐欣说小鲁是他"认识的最少有'救世主情结'的人，他真的只把自己当成一个普普通通的人。他是我见识过的少有的、能明白并实践'人权精神'的人。"我亦深以为然。

有朋友说，小鲁辞世让我和生前预嘱推广协会"突然失去了一位能信任、够分量、特朴实、有魅力的会长，可是前面的路还很长……"他说得当然不错。但我又想到，小鲁生前已经数次说他年逾七十，不适合再当会长。虽然大家一致挽留他，但我心中却一直有些同意。我觉得虽然小鲁的影响力和个人魅力无人可比，但谁都不是常青树。一项公益事业是否有生命力当然与领头人好坏有关，但我相信，生前预嘱推广工作一定会在现代生活方式变化的大背景下日益繁荣。协会的年轻人在成长，协会的专家委员会在壮大。小鲁的突然离去，反而让我感觉到蕴含在这项事业中的勃勃生机。他不在和任何人的在或不在，都不会使这项由他开创的关乎每一个人生命质量的大事停滞不前。我这么想，是小鲁教我的，他说："我这个人也无足轻重，就是潇洒一点，追求自由的人格，仅此而已。"我觉得自己真的学到了。现在对我来说，要潇洒，要自由人格，要仅此而已，比什么都重要！

有一回和一些朋友谈死，座中王朔说了一句话至今让我印象深刻。他说："要是真有那边儿，说不定不错，至少比这边儿强。"

　　认识小鲁的人都知道他走路快，这回他又先人一步地去了那边儿。虽然我仍然希望能在微信中看到他告诉我何时回来的消息，但是想到那边儿已经有小鲁大哥在，就觉得很温暖，甚至有点向往，没准真跟王朔说的似的：那边儿不错，至少比这边儿强。

2018 年 3 月 3 日